14歳からのニュートン
超絵解本

図でよくわかる
数式の神秘

数の基本から世紀の難問まで

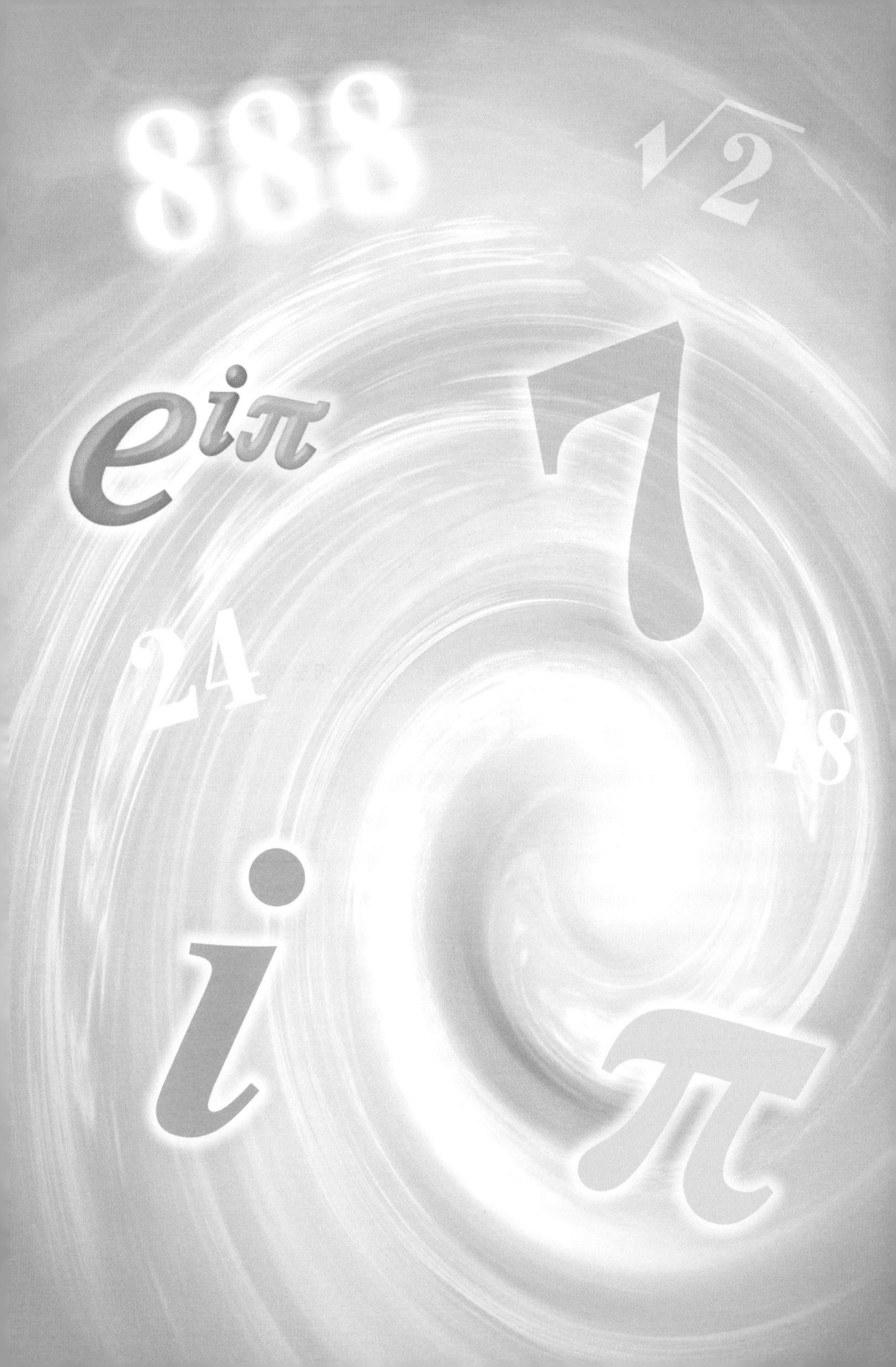

はじめに

数学の授業では，「素数」や「無理数」など，

さまざまなタイプの数が登場します。

また，それらの数をあつかう数式を使って計算をしたりします。

そうした数や数式に対して，

苦手に感じている人も多いのではないでしょうか。

しかし実は，数や数式には，とても美しく神秘的な側面があります。

紀元前から，人々は数の世界に魅了され，探究してきました。

たとえば，円周率「π」。

無限につづくその値は，古代ギリシャ以前から計算され，

今では100兆けたまでの数字が明らかにされています。

この本では，さまざまな数と数式の魅力をやさしく紹介しました。

専門的な知識は必要ありません。

数の深淵をのぞき見たとき，数に対するあなたの印象は，

がらりと変わっているはずです。

3 無限につづく数式の不思議

4 虚数の神秘

数や数式に秘められた神秘を味わおう

素数からオイラーの等式まで

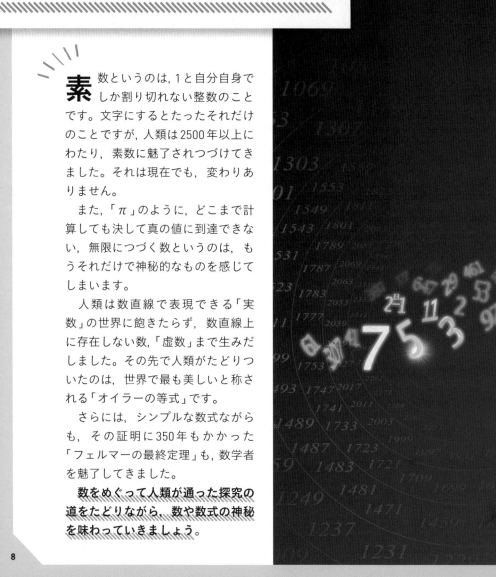

素数というのは，1と自分自身でしか割り切れない整数のことです。文字にするとたったそれだけのことですが，人類は2500年以上にわたり，素数に魅了されつづけてきました。それは現在でも，変わりありません。

また，「π」のように，どこまで計算しても決して真の値に到達できない，無限につづく数というのは，もうそれだけで神秘的なものを感じてしまいます。

人類は数直線で表現できる「実数」の世界に飽きたらず，数直線上に存在しない数，「虚数」まで生みだしました。その先で人類がたどりついたのは，世界で最も美しいと称される「オイラーの等式」です。

さらには，シンプルな数式ながらも，その証明に350年もかかった「フェルマーの最終定理」も，数学者を魅了してきました。

数をめぐって人類が通った探究の道をたどりながら，数や数式の神秘を味わっていきましょう。

$$3.14159265358979323846...$$

$$i$$

$$X^n + Y^n = Z^n$$
$$(n \geqq 3)$$

$$e^{i\pi} + 1 = 0$$

1

数学者を魅了する
素数の世界

素数は，整数の中に気まぐれにあらわれる
特別な数です。これまでに，名だたる数学
者たちがこの素数に熱中してきましたが，
今なお深い謎が残されています。この章で
は，まさに神秘の数といえる素数の不思議
にせまります。

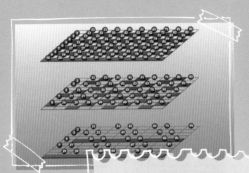

PRIME NUMBERS

2, 3, 5, 7, 11, 13, 17, 19, 23,
29, 31, 37, 41, 43, 47, 53, 59,
61, 67, 71, 73, 79, 83, 89, 97

1と自分自身でしか割り切れない数

「数の原子」ともいわれる素数

1，2，3……とつづく正の整数は「自然数」とよばれます。そのあちらこちらに，2500年以上にわたり数学者をとりこにしてきた数，「素数」がかくれています。

素数とは，1よりも大きく，自分自身と1でしか割り切れない整数です。たとえば，5は，2でも，3でも，4でも割り切れないので素数です。6は，2や3で割り切れるので素数ではありません。この6のような数を「合成数」といい，合成数を割り切る数を「約数」といいます。なお，1は，ほかに約数をもたない数ですが，「素数ではない」と決められています。つまり，自然数には，1か素数か合成数しかないのです。

合成数はすべて，素数のかけ算（積）であらわせます。たとえば30は，2×3×5です。しかも，かける順番を考えなければ，その方法は1通りです。そのため，素数は「数の原子」ともよばれています。

ある数が素数かどうかを調べるには，その数を「素因数分解」してみる方法があります。素因数分解とは，数を素因数（素数）のかけ算であらわすことです。

ある数が素因数分解できるということは，その数は1と自分自身以外の数でも割り切ることができる数だということです。つまり，素数ではないことがわかります。

素因数分解とは

素因数とは，その数を割り切ることのできる数（約数）のうち，素数であるもののことです。たとえば，下に示した36の素因数は，2と3です。

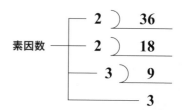

$$36 = 2 \times 2 \times 3 \times 3$$

どの数が素数だろうか？

下のパネルの1〜100の自然数のうち，素数はどれでしょう。
（答えは次のページ）

1	2	3	4	5	6	7	8	9	10
11	12	13	14	15	16	17	18	19	20
21	22	23	24	25	26	27	28	29	30
31	32	33	34	35	36	37	38	39	40
41	42	43	44	45	46	47	48	49	50
51	52	53	54	55	56	57	58	59	60
61	62	63	64	65	66	67	68	69	70
71	72	73	74	75	76	77	78	79	80
81	82	83	84	85	86	87	88	89	90
91	92	93	94	95	96	97	98	99	100

整数を"ふるい"にかけて素数を取りだすイメージ

素数を抜きだす『エラトステネスのふるい』

素数の倍数を消していくと，素数だけが残る

古代ギリシャの学者エラトステネス（前276年ごろ〜前194年ごろ）は，連続して並べたたくさんの自然数の中から，素数だけを簡単に抜きだす方法を発見しました。「エラトステネスのふるい」とよばれる方法です。この方法は，いわば「消去法」です。

まず，調べたいすべての数を一覧表にします。一覧表ができたら，最初は2の倍数を消します（ただし2は素数なので残します）。次に，残った数の中から3の倍数を消します（3は素数なので残します）。その次は5の倍数を消します（5は素数なので残します）。**こうして次々に素数の倍数を消していくと，最後に素数が残るのです。**

エラトステネスのふるい

エラトステネスが発見した方法は，素数を残しながら，素数の倍数を順番に消していく方法です。素因数分解を最後まで行わないため，素数以外の数を効率よく消去できます。

偶数は2の倍数であるため，2以外の偶数は素数ではありません。つまり2以外の素数は，すべて奇数です。

注：右の図で，エラトステネスのふるいで次に消すのは，「11の倍数」です。しかし，11の倍数で次に消されるのは，2の倍数でも，3の倍数でも，5の倍数でも，7の倍数でもない，121（11×11）です。121は100よりも大きいので，これ以上，素数の倍数を消す作業をしなくてもいいことがわかります。

素数以外がふるい落とされた結果

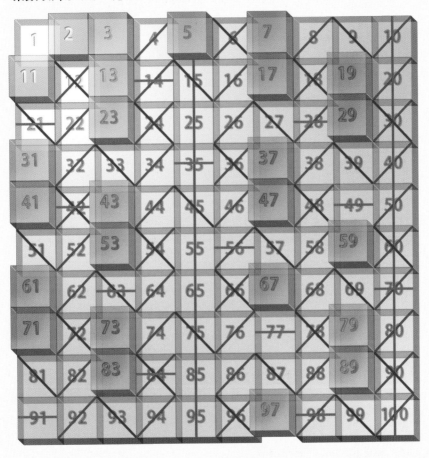

凡例

 …2 の倍数 …5 の倍数

 …3 の倍数 …7 の倍数

素数は神出鬼没！
1〜1000の全素数

**素数のあらわれ方には
規則性がみつからない**

前のページの1〜100の100個の整数の中には，素数が25個あります。右ページの表では，1〜1000の素数を赤く示しました。この中には，素数は全部で168個あります。

これらの素数のあらわれ方に注目してみてください。そこに特別な規則性はみつからないのではないでしょうか。**実は，素数のあらわれ方は，まったく気まぐれなのです。**

スイスの数学者レオンハルト・オイラー（1707〜1783）は，素数の表について次のように書き残しています。

「この世には，人知ではうかがい知れない神秘が存在する。素数の表を一目見ればよい。そこに秩序も規則もないことに気づくだろう。」

それでも，これまでたくさんの数学者たちが，素数にかくされた法則をさがそうと試みてきました。

素数は気まぐれにあらわれる

右は1〜1000の素数表です。素数のあらわれ方は気まぐれです。11と13のように一つおきに出てくることもあれば，887と907のように，19も間隔があくこともあります。

なお1000以上の数が素数かどうかは，下記のウェブサイトで調べられます（約9000兆まで）。

A Primality Test（英語のサイト）
http://primes.utm.edu/curios/includes/primetest.php

1	2	3	4	5	6	7	8	9	10	11	12	13	14	15	16	17	18	19	20	21	22	23	24	25
26	27	28	29	30	31	32	33	34	35	36	37	38	39	40	41	42	43	44	45	46	47	48	49	50
51	52	53	54	55	56	57	58	59	60	61	62	63	64	65	66	67	68	69	70	71	72	73	74	75
76	77	78	79	80	81	82	83	84	85	86	87	88	89	90	91	92	93	94	95	96	97	98	99	100
101	102	103	104	105	106	107	108	109	110	111	112	113	114	115	116	117	118	119	120	121	122	123	124	125
126	127	128	129	130	131	132	133	134	135	136	137	138	139	140	141	142	143	144	145	146	147	148	149	150
151	152	153	154	155	156	157	158	159	160	161	162	163	164	165	166	167	168	169	170	171	172	173	174	175
176	177	178	179	180	181	182	183	184	185	186	187	188	189	190	191	192	193	194	195	196	197	198	199	200
201	202	203	204	205	206	207	208	209	210	211	212	213	214	215	216	217	218	219	220	221	222	223	224	225
226	227	228	229	230	231	232	233	234	235	236	237	238	239	240	241	242	243	244	245	246	247	248	249	250
251	252	253	254	255	256	257	258	259	260	261	262	263	264	265	266	267	268	269	270	271	272	273	274	275
276	277	278	279	280	281	282	283	284	285	286	287	288	289	290	291	292	293	294	295	296	297	298	299	300
301	302	303	304	305	306	307	308	309	310	311	312	313	314	315	316	317	318	319	320	321	322	323	324	325
326	327	328	329	330	331	332	333	334	335	336	337	338	339	340	341	342	343	344	345	346	347	348	349	350
351	352	353	354	355	356	357	358	359	360	361	362	363	364	365	366	367	368	369	370	371	372	373	374	375
376	377	378	379	380	381	382	383	384	385	386	387	388	389	390	391	392	393	394	395	396	397	398	399	400
401	402	403	404	405	406	407	408	409	410	411	412	413	414	415	416	417	418	419	420	421	422	423	424	425
426	427	428	429	430	431	432	433	434	435	436	437	438	439	440	441	442	443	444	445	446	447	448	449	450
451	452	453	454	455	456	457	458	459	460	461	462	463	464	465	466	467	468	469	470	471	472	473	474	475
476	477	478	479	480	481	482	483	484	485	486	487	488	489	490	491	492	493	494	495	496	497	498	499	500
501	502	503	504	505	506	507	508	509	510	511	512	513	514	515	516	517	518	519	520	521	522	523	524	525
526	527	528	529	530	531	532	533	534	535	536	537	538	539	540	541	542	543	544	545	546	547	548	549	550
551	552	553	554	555	556	557	558	559	560	561	562	563	564	565	566	567	568	569	570	571	572	573	574	575
576	577	578	579	580	581	582	583	584	585	586	587	588	589	590	591	592	593	594	595	596	597	598	599	600
601	602	603	604	605	606	607	608	609	610	611	612	613	614	615	616	617	618	619	620	621	622	623	624	625
626	627	628	629	630	631	632	633	634	635	636	637	638	639	640	641	642	643	644	645	646	647	648	649	650
651	652	653	654	655	656	657	658	659	660	661	662	663	664	665	666	667	668	669	670	671	672	673	674	675
676	677	678	679	680	681	682	683	684	685	686	687	688	689	690	691	692	693	694	695	696	697	698	699	700
701	702	703	704	705	706	707	708	709	710	711	712	713	714	715	716	717	718	719	720	721	722	723	724	725
726	727	728	729	730	731	732	733	734	735	736	737	738	739	740	741	742	743	744	745	746	747	748	749	750
751	752	753	754	755	756	757	758	759	760	761	762	763	764	765	766	767	768	769	770	771	772	773	774	775
776	777	778	779	780	781	782	783	784	785	786	787	788	789	790	791	792	793	794	795	796	797	798	799	800
801	802	803	804	805	806	807	808	809	810	811	812	813	814	815	816	817	818	819	820	821	822	823	824	825
826	827	828	829	830	831	832	833	834	835	836	837	838	839	840	841	842	843	844	845	846	847	848	849	850
851	852	853	854	855	856	857	858	859	860	861	862	863	864	865	866	867	868	869	870	871	872	873	874	875
876	877	878	879	880	881	882	883	884	885	886	887	888	889	890	891	892	893	894	895	896	897	898	899	900
901	902	903	904	905	906	907	908	909	910	911	912	913	914	915	916	917	918	919	920	921	922	923	924	925
926	927	928	929	930	931	932	933	934	935	936	937	938	939	940	941	942	943	944	945	946	947	948	949	950
951	952	953	954	955	956	957	958	959	960	961	962	963	964	965	966	967	968	969	970	971	972	973	974	975
976	977	978	979	980	981	982	983	984	985	986	987	988	989	990	991	992	993	994	995	996	997	998	999	1000

素数はつづくよ どこまでも

限られた個数しかないとすると 矛盾が生じる

ユークリッド
（前330ころ〜前270ころ）

古代ギリシャの数学者。『原論』で，幾何学や整数の理論をまとめました。原論には「素数が無限にあることの証明」も書かれています。

$$2×3×5+1=31$$

存在すると仮定した素数（2と3と5）をかけ，1を足した数をつくる（31）。

2で割ると1余る

$$2×15+1$$

素数は，実は無限にあることがわかっています。このことを証明したのは，古代ギリシャの数学者ユークリッド（前330ころ～前270ころ）です。その方法は次のようなものです。

いま，素数が有限個しかないと仮定します。ここでは，素数が2と3と5の3個しかないと仮定します。この有限個の素数の積に1を加えてできる，「31」という数はどんな数でしょうか（2×3×5＋1＝31）。

31は2で割っても，3で割っても，5で割っても余りが1になります。つまり31は，2でも3でも5でも割り切れません。このことは，「素数は2と3と5の3個しかない」という最初の仮定と矛盾します。**つまり最初の仮定がまちがっており，4個目の素数が存在することになります（背理法）。**同様の方法で，素数が n 個（有限個）あれば，$n＋1$ 個目の素数が存在することを示せます。つまり**素数は無限にあるといえるのです。**

「素数が無限に存在する」ことの証明

素数が限られた個数しかないと仮定すると，それらでは割り切れない数（つまり別の素数）を必ずつくることができ，矛盾が生じます。このことから，「素数は限られた個数しかない」とした最初の仮定がまちがっており，素数は無限に存在することがわかります。

3で割ると1余る
3×10+1

5で割っても
1余る
5×6+1

大きな数が素数かどうかは簡単にはわからない

コンピューターを使って素数をさがすにもエラトステネスのふるいが活躍している

エラトステネスの発見した方法は，単純で原始的です。しかし，**2000年以上たった現在でも，エラトステネスのふるいに勝る方法はみつかっていません。**コンピューターを使って素数だけを抜きだす場合も，基本的には，素数の倍数を消していく計算をコンピューターにさせているのです。

なお，何千万けたもあるような巨大な数が素数かどうかを見分けようとすると，たとえ調べたい数が1個しかなく，スーパーコンピューターを使えたとしても，きわめて困難です。その数が素因数分解できるかどうかを調べることになりますが，そのためには，その数の平方根以下の素数※を1個ずつ使って割り算をし，余りが出るかどうかを確認する必要があるからです。参考までに，4けたの最も大きい素数である9973以下の素数は，1229個もあります。

ふるいにかけられる数

現在のところ，最も効率的に素数をさがすことができる方法は，エラトステネスのふるいです。イラストでは，100までの自然数が，2の倍数，3の倍数……と，ふるいにかけられていくようすをえがきました。

※：平方根とは，「2乗すると元の数になる数」のことです。仮に巨大な数が，たった二つの巨大な素数でできていたとしても，二つの巨大な素数の一方は平方根以下になります。

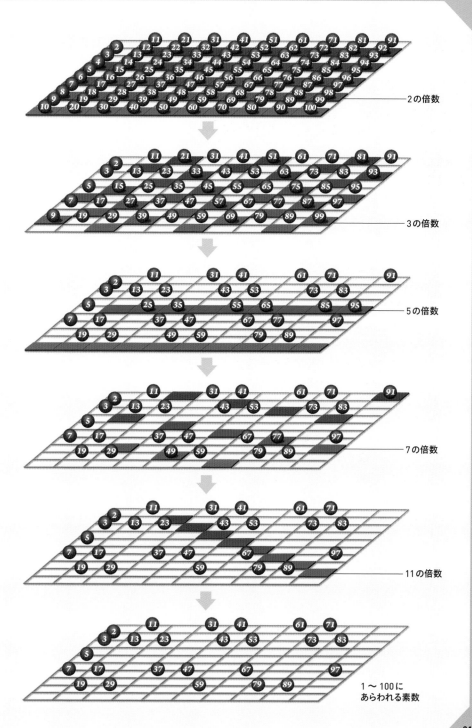

2の倍数

3の倍数

5の倍数

7の倍数

11の倍数

1 ～ 100に
あらわれる素数

『素数だけを生みだす式』はあるだろうか

フェルマーは,自分がつくった数式が素数を生みだすと主張した

エ ラトステネスのふるい（14〜15ページ）は，素数をもれなく抜きだすことを可能にしました。しかし，たとえ決まった範囲の数から素数を抜きだせても，素数の普遍的な法則や性質を知ることはできません。

　もし，「すべての素数を生みだす式」がわかれば，素数の普遍的な性質を知ることができるかもしれません。ところが現実には，**すべてどころか，一部だけでも，素数だけを生みだす数式はみつかっていません。**それほど素数は神秘的で，気まぐれにあらわれるのです。

　フランスの数学者ピエール・ド・フェルマー（1607ごろ〜1665）は，「$2^{2^n}+1$で計算される数は素数である」と予想しました。nが0，1，2，3，4の場合に，計算結果が素数になったからです。**しかし現在までに，計算結果が素数になることがわかっているのは，nが0，1，2，3，4の場合だけです。**

$$2^{2^n}+1$$

ピエール・ド・フェルマー
（1607ごろ〜1665）

フェルマーがつくった式が生みだす数

フェルマーの予想に反して，$2^{2^n}+1$が素数になることがわかっているのは，nが0，1，2，3，4の場合だけです。nが5～32の計算結果は，素数ではないことがわかっています。

n	$2^{2^n}+1$	
0	$2^{1}+1=3$	素数
1	$2^{2}+1=5$	素数
2	$2^{4}+1=17$	素数
3	$2^{8}+1=257$	素数
4	$2^{16}+1=65537$	素数
5	$2^{32}+1=4294967297$	素数ではない
6	$2^{64}+1=$（20けたの数）	素数ではない
7	$2^{128}+1=$（39けたの数）	素数ではない
8	$2^{256}+1=$（78けたの数）	素数ではない
9	$2^{512}+1=$（155けたの数）	素数ではない
10	$2^{1024}+1=$（309けたの数）	素数ではない
11	$2^{2048}+1=$（617けたの数）	素数ではない

オイラーもいどんだ "素数製造器" さがし

しかし, 今では素数だけを生みだす式はつくれないことがわかった

　　　ス　イスの天才数学者レオンハルト・オイラー（1707 ～ 1783）は，素数を生みだす式をいくつも考案しました。オイラーの二次式とよばれる「$n^2 - n + 41$」は，そのうちの一つです。

　この式のnに1，2，3，……と入れて計算すると，立てつづけに素数が生みだされます。しかし，オイラーの二次式も，万能ではありませんでした。nが41以上になると，オイラーの二次式が生みだす数に，とたんに素数ではない数が混ざるようになってしまうのです。

　実は現在では，このオイラーの2次式のように文字と整数であらわされる式（多項式）で，素数だけを生みだす式はつくれないことが証明されています。

次々に素数を生みだす「オイラーの二次式」

イラストは，オイラーが考えた，素数をつづけて生みだす式です。たとえばnを2に置きかえる（代入する）と，2×2−2＋41＝43となり，これは素数です。

nに1から40までの数を代入すると，その答えはすべて素数になります。41を代入したときはじめて素数ではない答え1681（＝41×41）がみちびかれます。イラストでは，nに45までを代入した結果を示しました。

$$n^2 - n + 41$$

レオンハルト・オイラー
（1707 〜 1783）

スイスの数学者。生涯を通じて研究をつづけ，膨大な数の論文を執筆しました。1772年に当時の最大素数の記録を更新するなど，素数についてだけでも数多くの成果を残しました。

$1^2 - 1 + 41 =$	41	素数
$2^2 - 2 + 41 =$	43	素数
$3^2 - 3 + 41 =$	47	素数
$4^2 - 4 + 41 =$	53	素数
$5^2 - 5 + 41 =$	61	素数
$6^2 - 6 + 41 =$	71	素数
$7^2 - 7 + 41 =$	83	素数
$8^2 - 8 + 41 =$	97	素数
$9^2 - 9 + 41 =$	113	素数
$10^2 - 10 + 41 =$	131	素数
$11^2 - 11 + 41 =$	151	素数
$12^2 - 12 + 41 =$	173	素数
$13^2 - 13 + 41 =$	197	素数
$14^2 - 14 + 41 =$	223	素数
$15^2 - 15 + 41 =$	251	素数
$16^2 - 16 + 41 =$	281	素数
$17^2 - 17 + 41 =$	313	素数
$18^2 - 18 + 41 =$	347	素数
$19^2 - 19 + 41 =$	383	素数
$20^2 - 20 + 41 =$	421	素数
$21^2 - 21 + 41 =$	461	素数
$22^2 - 22 + 41 =$	503	素数
$23^2 - 23 + 41 =$	547	素数
$24^2 - 24 + 41 =$	593	素数
$25^2 - 25 + 41 =$	641	素数
$26^2 - 26 + 41 =$	691	素数
$27^2 - 27 + 41 =$	743	素数
$28^2 - 28 + 41 =$	797	素数
$29^2 - 29 + 41 =$	853	素数
$30^2 - 30 + 41 =$	911	素数
$31^2 - 31 + 41 =$	971	素数
$32^2 - 32 + 41 =$	1033	素数
$33^2 - 33 + 41 =$	1097	素数
$34^2 - 34 + 41 =$	1163	素数
$35^2 - 35 + 41 =$	1231	素数
$36^2 - 36 + 41 =$	1301	素数
$37^2 - 37 + 41 =$	1373	素数
$38^2 - 38 + 41 =$	1447	素数
$39^2 - 39 + 41 =$	1523	素数
$40^2 - 40 + 41 =$	1601	素数
$41^2 - 41 + 41 =$	1681	素数ではない
$42^2 - 42 + 41 =$	1763	素数ではない
$43^2 - 43 + 41 =$	1847	素数ではない
$44^2 - 44 + 41 =$	1933	素数ではない
$45^2 - 45 + 41 =$	2021	素数ではない

ある数までに含まれる素数は何個ある？

天才ガウスは，素数の個数に注目した

素数には規則性がみつからないことをみてきましたが，素数の個数に注目するとある法則がみえてきます。そのことに気づいたのはドイツの数学者のヨハン・カール・フリードリヒ・ガウス（1777 〜 1855）です。

1792年，ガウスはわずか15歳のときに，神出鬼没な素数の法則を探ろうとして，素数の表をながめていたといいます。そして，**ある整数xまでに含まれる素数の個数におおよその法則があることに気づき，数式であらわしました**（次ページ）。これは「素数定理」とよばれます。

ガウスの思考を追うために，整数の列の中に，素数があらわれるたびに1段上がる，という階段を考えてみましょう。するとイラストのように，1段の幅が不ぞろいな階段になります。この階段を，もっと大きな数までのばしていくとどうなるでしょうか。次のページでみてみましょう。

素数の階段をみてみよう

「整数の列の中に，素数があらわれるたびに1段上がる」というルールで，右のような階段をつくってみましょう。すると，ある場所では「41…43…47…」と次々に段があらわれ，またある場所では「113……127…」と平らな踊り場がつづく，不規則な階段ができます。

素数の個数は，大きな数になるにつれ少なくなっていく

整数の範囲	1	1万	2万	3万	4万	5万	6万	7万	8万	9万	10万
素数の個数	1229	1033	983	958	930	924	878	902	876	879	

上は，1〜10万の素数の個数を1万ごとに数えた表です。1万までの素数は1229個ですが，1万〜2万の間には1033個しかありません。さらに，2万〜3万の間では983個に減ります。このように，広い範囲で素数の個数をみていくと，まれに素数の個数が増加する範囲もあるものの，全体的には大きな数になるにつれて出現する素数の個数が減っていく傾向にあることがわかります。

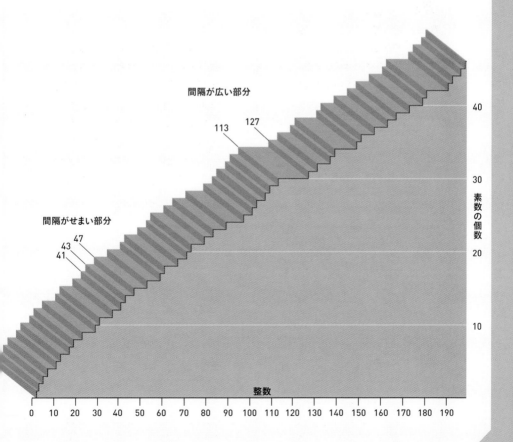

15歳のガウスがみつけた 素数の法則

素数の個数は，一定の精度で 計算できる

ガウスの素数定理によると，前ページの階段を大きな数までのばしていくと，**階段の高さ（素数の個数）**が，$\pi(x) \sim \dfrac{x}{\log_e x}$ **という数式**※からみちびかれるグラフの高さに近づいていきます。そして無限の先では，それまでにあらわれる素数の個数と，グラフの高さが一致します。

　この数式を用いれば，ある整数xまでに含まれる素数の個数を，数えなくても一定の精度で計算することができます。そして，数が大きくなるほど，その精度は上がっていきます。たった15歳のガウスは，素数の個数におおよその法則があることを，みごとに突き止めたのです。

素数定理のグラフ をながめてみよう

前ページの素数の階段の高さは，大きな数になるにつれ，右のグラフ（赤線）に近づいていきます。右のグラフは，

$$\pi(x) \sim \frac{x}{\log_e x}$$

という数式からみちびかれます。

※：「$\pi(x)$」は，ある整数xまでに含まれるおおよその素数の個数をあらわす記号（関数），「$\sim$」はほとんど等しいことをあらわす記号です。「$\log_e x$」は，「e を何乗するとxになるか」をあらわす記号で，「自然対数」といいます。「e」は，「自然対数の底」とよばれる数で，約2.718です。

素数定理の数式で計算した素数の個数

整数 x	整数 x までに含まれる素数の個数	
	素数定理の数式で計算した結果	実際の個数
100	約 22	25
1000	約 145	168
10000	約 1086	1229
100000	約 8686	9592
1000000	約 72382	78498
10000000	約 620421	664579
100000000	約 5428681	5761455

左の表は，整数xまでに含まれる素数の個数について，素数定理の数式で計算した結果と実際の個数を比較したものです。表をみると，素数定理の数式で計算した結果と実際の個数は，おおよそ等しいことがわかります。大きな数になるほど両者の値は近づいていき，無限の先では一致することが証明されています。

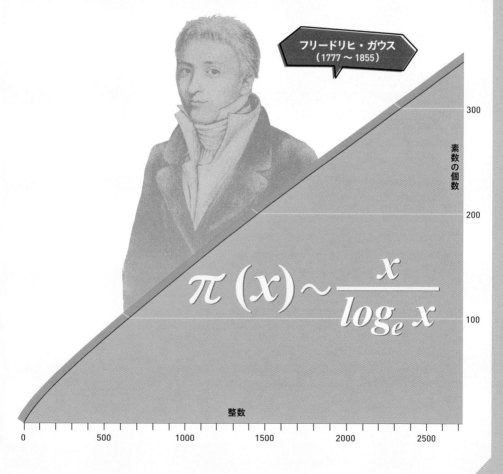

フリードリヒ・ガウス
（1777 ～ 1855）

$$\pi(x) \sim \frac{x}{\log_e x}$$

300

200

素数の個数

100

整数

0　　　　500　　　　1000　　　　1500　　　　2000　　　　2500

落書きに不思議な模様があらわれた

模様は，素数の出現パターンと
関係がある？

　アメリカの数学者のスタニスラフ・ウラム（1909 〜 1984）は，会議中の退屈しのぎに，整数をらせん状に並べる落書きをしてみたといいます。**ウラムは，1を中心にして，1の周囲に反時計まわりに整数を並べました。そして，素数だけに印をつけてみました。**すると不思議なものを発見したのです。それは何か。

　右のイラストは，ウラムの落書きを，1 〜 15万くらいまでつづけたものです。青く塗った部分が素数です。赤い四角は，1 〜 25の範囲です（右下に拡大図）。**これをみると，斜めの線がいくつも走っているようにみえます。**ウラムはこの不思議な模様を発見したのです。

　この模様は，素数の出現パターンと何らかの関係がありそうに思えてきます。しかし，実はこの模様が何を意味するのかはまだわかっていません。ウラムがみつけたこの不思議な模様は，「ウラムのらせん」とよばれています。

17	16	15	14	13
18	5	4	3	12
19	6	1	2	11
20	7	8	9	10
21	22	23	24	25

素数がつくる模様「ウラムのらせん」

この模様は、ウラムが発見した「ウラムのらせん」です。中心から、らせんをえがくように「1，2，3，4……」と数を並べたときの、素数の位置を示したものです。ウラムは、1963年のある会議中、落書きしているときにこのらせんをみつけたといわれています。

現在の最大の素数は，2486万2048けた！

世界中のパソコンユーザーが参加して発見

$2$018年12月，1年ぶりに史上最大の素数が発見されました。2486万2048けたの，途方もないです。それまで最大だった素数にくらべて，およそ161万けた大きな素数になりました。

2^n-1で計算される整数は「メルセンヌ数」とよばれ，素数を多く含んでいることが知られています。素数であるメルセンヌ数は「メルセンヌ素数」とよばれます。発見された最大の素数は，$n=82589933$のときのメルセンヌ素数です。

1996年11月以来，最大の素数の更新は，「GIMPS」とよばれるプロジェクトによって達成されています。GIMPSとは，世界中のパソコンユーザーにインターネットを通じてコンピューターの余っている計算力を提供してもらい，巨大なメルセンヌ素数を発見するプロジェクトです。

GIMPSには，だれでも参加することができます。興味をもった人は，GIMPSのウェブサイト（https://www.mersenne.org/）を訪ねてみてはいかがでしょうか。

歴代の巨大素数記録

各時代に知られていた巨大素数をあげました。1996年以降，巨大素数の記録はGIMPSプロジェクトによって更新されつづけています。

1588 $2^{19}-1$ （524287） メルセンヌが予想を残した当時，知られていた最大の素数。
（7番目のメルセンヌ素数）

1772 $2^{31}-1$ （2147483647） オイラーが確かめた素数。この記録は1876年まで，100年
以上破られませんでした。（8番目のメルセンヌ素数）

1876 $2^{127}-1$ （39けたの数） リュカが発見した素数。人が手で計算して発見した最大
の素数として知られています。この記録は1952年まで
破られませんでした。（12番目のメルセンヌ素数）

1952 $2^{521}-1$ （157けたの数） コンピューターによって発見された初の最大
素数。1950年代のコンピューターの登場によ
り，けた外れに巨大な素数が毎年のようにみつ
かりはじめました。（13番目のメルセンヌ素数）

$2^{21701}-1$ （6533けたの数）

1978 18歳のアメリカの高校生カート・ノルと，ローラ・
ニッケルが発見して話題になった巨大素数。二人の
自作のコンピュータープログラムが使われました。
（25番目のメルセンヌ素数）

$2^{1398269}-1$ （420921けたの数）

GIMPSが最初に発見した素数。これ以降，
GIMPSプロジェクトの参加者が最大の素
数を発見しつづけています。（35番目の
メルセンヌ素数）

1996

$2^{82589933}-1$

2018

（約2400万けたの数）
現在知られている最大の素数。2018
年12月7日に発見されました。
（51番目のメルセンヌ素数）

あなたも素数の お世話になっている

ネットショッピングの暗号に素数は不可欠

クレジットカード番号を，暗号にかえて送信する方法

通信販売店の利用者は，「公開鍵」を使ってクレジットカード番号を暗号にし，
送信します（**1～3**）。暗号を受信した通信販売店は，「秘密鍵」を使って暗号を
カード番号にもどします（**4**）。

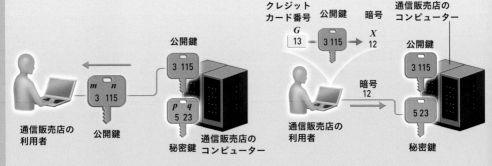

1. 利用者が，「公開鍵」を手に入れる

通信販売の利用者は，店のコンピューター
から「公開鍵」を手に入れます。公開鍵
は，m（ここでは3）とn（ここでは115）
の二つの整数でできています。

　店のコンピューターには，公開されない
「秘密鍵」もあります。秘密鍵は，p（ここ
では5）とq（ここでは23）の二つの巨大な
素数でできています。n，p，qの間には，
「pとqの積がn」という関係があります。
公開鍵から秘密鍵を推測されないように，
pとqには巨大な素数を使います。

2. 公開鍵を使ってカード番号を 暗号化

店の利用者は自分のコンピューター
の中で，公開鍵を使ってクレジット
カード番号を「暗号」にかえます。カー
ド番号G（ここでは13）を，m乗し
てnで割ったときの余りが，暗号X（こ
こでは12）です。暗号は店のコンピ
ューターに送信されます。

れまで見てきたように，素数の普遍的な性質は明らかにされておらず，多くの問題は未解決のままです。巨大な整数があったときに，その整数が素数であるのかどうかさえも，簡単に見分けることができません。

素数の見分けにくさを，"鍵"として有効利用している例があります。 インターネットで情報を暗号化して送る際などに使われる，「RSA暗号」です。

たとえば，インターネットを利用した通信販売では，クレジットカードの番号を入力することがあります。このカード番号は，利用者のコンピューターの中で，RSA暗号によって暗号化されてから送信されます。RSA暗号は，二つの巨大な素数をかけ算してつくった巨大な整数を，**元の二つの巨大な素数に素因数分解することが，第三者にとっては事実上不可能なことを利用した暗号です。** 見分けにくい素数の性質が，見えないところで，私たちの生活を支えているのです。

3. 暗号を，公開鍵でカード番号にもどすのは事実上不可能

暗号は送信中に第三者に奪われてしまうかもしれませんが，公開鍵を使ってカード番号にもどすことは困難です。*m*乗して*n*で割ったときの余りが暗号*X*になる数（カード番号*G*）を，一つずつ試しながらさがすしかなく，計算に時間がかかるからです。

4. 暗号は，「秘密鍵」でカード番号にもどされる

暗号は店のコンピューターに届くと，「秘密鍵」を使ってカード番号にもどされます。秘密鍵を使えば，カード番号*G*を少しの計算によって求めることができるのです。計算方法はここでは省略します。

セミは素数を利用している!?

アメリカには，正確に13年ごとに羽化する（地中にいた幼虫が地上に出てきて成虫になる）セミや，正確に17年ごとに羽化するセミが生息しています。**13と17はどちらも素数であることから，「素数ゼミ（周期ゼミ）」とよばれています。**

素数ゼミの祖先には，素数以外の周期で羽化するものもいたと推測されています。ことなる周期で羽化する群れどうしは，まれに同じ年に羽化することがありました。羽化する周期の最小公倍数にあたる年です。羽化する周期のことなる雄と雌から生まれた幼虫は，羽化する周期が親とずれてしまうことがあったため，群れはしだいに小さくなってしまったのではないかと推測されています。

素数は，ほかの数との最小公倍数が大きくなるため，13年あるいは17年周期で羽化する群れは，ほかの群れと同じ年に羽化する機会が少なかったはずです。その結果，同種の中でも13年，あるいは17年周期で羽化する群れだけ絶滅することなく現在にいたったのが，素数ゼミだと考えられているのです。

周期13年の素数ゼミの祖先には，12年，13年，14年，15年周期で羽化する群れがいたようです。13は素数であるため，13年ゼミがほかの群れと同じ年に羽化する周期は大きくなります。なお14と15は素数ではありませんが，共通の約数をもたないため，14年ゼミと15年ゼミが同じ年に羽化する周期は大きくなります。

周期17年の素数ゼミの祖先には，14年，15年，16年，17年，18年周期で羽化する群れがいたようです。17は素数であるため，17年ゼミがほかの群れと同じ年に羽化する周期は大きくなります。

A. 周期13年の素数ゼミの祖先が，同じ年に羽化する周期

	12年ゼミ	13年ゼミ	14年ゼミ	15年ゼミ
12年ゼミ	−	156年周期	84年周期	60年周期
13年ゼミ	156年周期	−	182年周期	195年周期
14年ゼミ	84年周期	182年周期	−	210年周期
15年ゼミ	60年周期	195年周期	210年周期	−

B. 周期17年の素数ゼミの祖先が，同じ年に羽化する周期

	14年ゼミ	15年ゼミ	16年ゼミ	17年ゼミ	18年ゼミ
14年ゼミ	−	210年周期	112年周期	238年周期	126年周期
15年ゼミ	210年周期	−	240年周期	255年周期	90年周期
16年ゼミ	112年周期	240年周期	−	272年周期	144年周期
17年ゼミ	238年周期	255年周期	272年周期	−	306年周期
18年ゼミ	126年周期	90年周期	144年周期	306年周期	−

2

分数・√・π を探究しよう

√2 は，1.4142…と小数点以下が無限につづく数です。円周率πも 3.1415…と無限につづきます。√2 やπは「無理数」とよばれる数です。無理数には，不思議がたくさんつまっています。2 章では，無理数の神秘をみていきます。

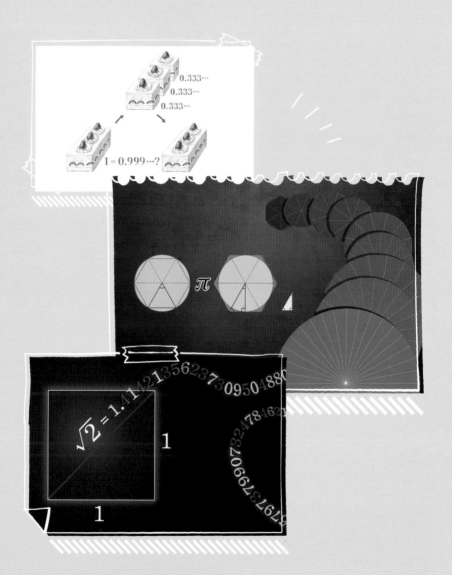

分数であらわせる数『有理数』

**整数も分母を1としたとき，
分数の形にできるので有理数**

　自然数とゼロ，そして自然数にマイナスの符号をつけた数（負の数）を合わせて「整数」といいます。整数どうしを足したり引いたりすると，必ず整数の中に答えがみつかります。

　ところが，整数どうしで割り算を行うと，整数の中に答えがみつからないことがあります。たとえば，1÷3の答えは，整数の中にありません。そこで，「$\frac{1}{3}$」という新たな数がつくられました。これが「分数」です。

　分数であらわせる数を「有理数」といいます。より正確には，「分母と分子が整数の分数」※であらわせる数が有理数です。整数も，分母を1とする分数であらわせるので有理数です。

　分数は，『リンド・パピルス』という紀元前17世紀ごろの数学書にも登場する，とても古い数です。

※：ただし，0を分母に置くことはできません。

分数の並び

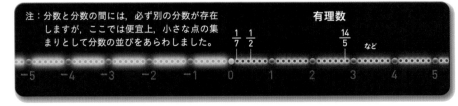

注：分数と分数の間には，必ず別の分数が存在しますが，ここでは便宜上，小さな点の集まりとして分数の並びをあらわしました。

有理数

$\frac{1}{7}$　$\frac{1}{2}$　　　$\frac{14}{5}$　など

−5　−4　−3　−2　−1　0　1　2　3　4　5

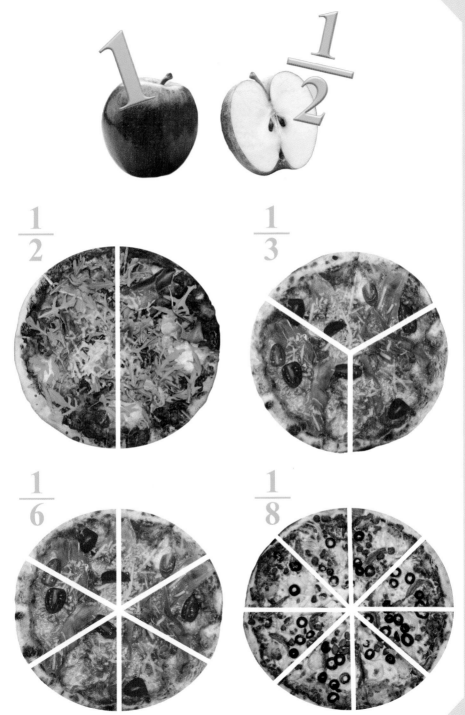

『0.9999……＝1』って ほんとう?

小数点以下が無限につづく 小数と分数

小数と分数についてみていきましょう。たとえば1を3で割ると、「0.33333…」となります。0.33333…は，小数点以下の「3」が無限につづく無限小数です。また，1÷3は$\frac{1}{3}$です。つまり0.33333…は$\frac{1}{3}$とあらわすことができます。

ところで，「0.33333…＝$\frac{1}{3}$」であるならば，両辺を3倍すると「0.99999…＝1」となります。これは，正しいのでしょうか（イラスト）。

実は，「0.33333…＝$\frac{1}{3}$」は，「0.33333…の小数点以下のけた数を無限にふやしていくと，行きつく先が$\frac{1}{3}$になる」ということを意味しています。このため，0.33333…＝$\frac{1}{3}$であり，0.99999…の行き着く先が1という意味で，0.99999…＝1なのです。

もし，0.33333…の小数点以下のけた数が有限のけた数で終わると，0.33333…＝$\frac{1}{3}$という式はなりたたなくなります。

1. 大きさ「1」の
   ケーキがあります。

ケーキは，小さくなってしまったのか

大きさ「1」のケーキを3等分にカットすると，それぞれの大きさは，「0.333…」となります。三つを一つにして盛りつけると，合計で「0.999…」です。もともと「1」だったケーキは，小さくなってしまったのでしょうか。

2. 3等分にカットします。

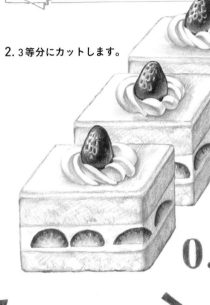

0.333…

0.333…

0.333…

$1 = 0.999…?$

3. 三つのカットケーキを
一つにして盛りつけます。

循環する小数は分数にできる

無限につづいても大丈夫

小数点以下が
循環しながら無限に
つづく数は分数にできる

「0.12345678901234567890
1234567890…」のように小数
点以下が循環しながら無限に
つづく数は，どんな数であっ
ても，分数にすることができ
ます。

0.12345678901234567890123456789012345678901234567890
12345678901234567890123456789012345678901234567890 1
901234567890123456789012345678901234567890123456
234567890123456789012345678901234567890123456789
7890123456789012345678901234567890123456789012345678901
01234567890123456789012345678901234567890123456789012345678
234567890123456789012345678901234567890123456789012345678
567890123456789012345678901234567890123456789012345678901
901234567890123456789012345678901234567890123456789012345678901
1234567890123456789012345678901234567890123456789
2345678901234567890123456789012345678901234567890123456789
123456789012345678901234567890123456789012345678901234567890
012345678901234567890123456789012345678901234567890123456789012
1234567890123456789012345678901234567890123456789012345678901234
3456789012345678901234567890123456789012345678901234567890012345
567890123456789012345678901234567890123456789012345678901234567
5678901234567890123456789012345678901234567890123456789012345678
67890123456789012345678901234567890123456789012345678901234567
89012345678901234567890123456789012345678901234567890123456789
90123456789012345678901234567890123456789012345678901234567890
9012345678901234567890123456789012345678901234567890123456789
8901234567890123456789012345678901234567890123456789012345
8901234567890123456789012345678901234567890123456789012345
7890123456789012345678901234567890123456789… = ？

小数点以下が循環しながら無限につづく数（循環する無限小数）である 0.33333… は $\frac{1}{3}$ という分数であらわしました（前ページ）。では，整数や小数点以下が有限の数はどうでしょうか。

整数は，分母を1とする分数としてあらわせるので簡単です。たとえば，2 は $\frac{2}{1}$，0 は $\frac{0}{1}$ とあらわせます。一方，小数点以下が有限の数は，10の累乗（10を何回かかけ算した数）をかけて小数部分をなくしたうえで，

同じ10の累乗で割り，約分すれば分数であらわせます。たとえば 0.25 は 100 をかけて 100 で割れば $\frac{25}{100}$ となり，約分すると $\frac{1}{4}$ とあらわせます。

では，0.33333… 以外の循環する無限小数はどうでしょうか。**実は，循環する無限小数であれば，必ず分数であらわすことができます。ポイントは，小数に10の累乗をかけ算してから元の小数を引き算して，小数点以下を消すことです**（下の解説を参照してください）。

0.12345678901234567890123456 7890…を分数にする方法とは？

$x = 0.12345678901234567890123456 7890…$ とします。

x を 10000000000 倍（10^{10} 倍）します。倍数を 10000000000 にする理由は，小数点以下を元の小数と同じにするためです。
$$10000000000x = 1234567890.1234567890123456 7890…$$

10000000000x から x を引き算します。
$$10000000000x - x = 1234567890.1234567890123456 7890…$$
$$- 0.12345678901234567890123456 7890…$$
$$9999999999x = 1234567890$$

したがって
$$x = \frac{1234567890}{9999999999} = \frac{137174210}{1111111111}$$

よって，$0.12345678901234567890123456 7890… = \frac{137174210}{1111111111}$

注：小数点以下のけたから先が，循環しながら無限につづく数であっても，分数であらわすことができます。基本的には上と同じ方法ですが，x にかける倍数をうまく調整して，小数点以下をそろえることがポイントです。

分数であらわせない『無理数』がみつかった

無理数とは，小数点以下が循環しない無限小数

分数と分数（有理数と有理数）の間には，必ず別の分数が存在します。たとえば $\frac{1}{2}$ と $\frac{1}{3}$ の間には $(\frac{1}{2}+\frac{1}{3}) \div 2 = \frac{5}{12}$ があり，その $\frac{5}{12}$ と $\frac{1}{2}$ の間には $(\frac{5}{12}+\frac{1}{2}) \div 2 = \frac{11}{24}$ があります。整数も分数であらわすことができるので，これらのことから，すべての数は分数であらわすことができる（有理数である），といえるように思えます。

実際に，そのように考えていた偉人がいます。三平方の定理（ピタゴラスの定理）※で知られる古代ギリシャの数学者ピタゴラス（前582ごろ～前496ごろ）です。**ピタゴラスは，自然数を神聖なものとして崇拝し，あらゆる数は自然数の比であらわせる（分数であらわせる）と考えていたのです。**

ところが当時，ピタゴラスの考えに反して，分数ではあらわせない数がみつかってしまいました。1辺の長さが1の正方形の対角線の長さは，三平方の定理から，「2乗して2になる数（$\sqrt{2}$）」になります。**この $\sqrt{2}$ は，どうがんばっても分数であらわすことができないのです。**

$\sqrt{2}$ を小数であらわすと，1.41421356……と小数点以下が無限につづきます。しかも，小数点以下は循環しません。これは，$\sqrt{2}$ を「分母と分子が整数の分数」であらわせないことを意味します。すなわち，$\sqrt{2}$ は有理数ではありません。**このような数を「無理数」といいます。**円周率 π も，3.14159265……と，小数点以下が循環することなく無限につづく小数となるので，無理数です。

数の仲間には，無理数が無数に含まれています。それどころか，有理数と無理数の"個数"をくらべると，無理数のほうが圧倒的に多いことが知られています。

※：直角三角形の斜辺の2乗は，底辺の2乗と高さの2乗の和に等しいという定理。

レンガブロックを並べて
直角二等辺三角形はつくれる？

無理数である $\sqrt{2}$ は，小数であらわすと，小数点以下が循環することなく無限につづきます。直角二等辺三角形の3辺に，同じ大きさの立方体がぴったり収まるように並べることはできないことを確かめてみました。

レンガブロック

10センチメートル

1辺が10センチメートルの立方体のレンガブロックを，横に10個，縦に（垂直に）10個並べたとき，斜辺には，同じレンガブロックがぴったり収まりません。

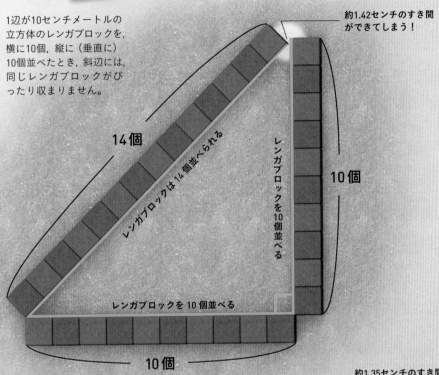

約1.42センチのすき間ができてしまう！

14個

レンガブロックは14個並べられる

レンガブロックを10個並べる

10個

レンガブロックを10個並べる

10個

直角二等辺三角形を大きくして，上と同じサイズのレンガブロックを縦と横にそれぞれ1万個並べるとどうでしょうか。この場合もやはり，斜辺にブロックがぴったりと収まりません。実は，直角二等辺三角形をどれほど大きくしても，同じ大きさのレンガブロックを，3辺にぴったり収まるように並べることはできません。これは，$\sqrt{2}$ を分数であらわすことができないことに対応しています。

約1.35センチのすき間ができてしまう！

左下から14142個目のレンガブロック

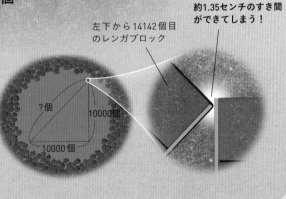

?個

10000個

10000個

コピー用紙には√2と√3がかくされている

A4の短辺を1とすると、A4の長辺はどれだけの長さになる?

A4の短辺
210mm

A4の長辺 297mm

A4

B4の短辺
257mm

B4の長辺 364mm

B4

A4の長辺は297ミリメートルで、短辺の1.414……倍です。この数字の並びを見てぴんときた人もいるかもしれません。そうです、この倍率は√2倍です。√2は2乗すると2になる数で、「2の平方根」ともよばれます。

また、B4（JIS規格）の長辺は364ミリメートルで、A4の短辺の約1.733倍です。この倍率は、ほぼ√3倍です。実は、A4の対角線も短辺の√3倍であり、B4の長辺と同じ長さです。

私たちがなれ親しんでいるコピー用紙には、√2と√3がひそんでいたのです。

A4にかぎらず、A3やB4など、すべてのA判・B判で、長辺は短辺の√2倍になっています。 A4の短辺と長辺を√2倍するとA3になるというぐあいに、√2倍すると一段階大きなサイズになります。

コピー機の拡大コピーでは「141%」という一見中途半端な倍率がよく使われますが、これは1.41倍≒√2倍で、たとえばA4サイズをA3サイズに拡大することを意味しています（このとき面積は2倍になります）。

1

√2

√3

A4とB4のコピー用紙にひそむ√2と√3

A4のコピー用紙の短辺（オレンジ・210ミリメートル）に対して，A4の長辺（緑・297ミリメートル）は√2倍の長さになっています。さらに，B4の長辺（ピンク・364ミリメートル）は，A4の短辺に対して√3倍の長さになっています。

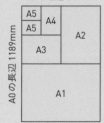

A0の短辺 841mm

A0の長辺 1189mm

A5	A4	
A5		A2
A3		
A1		

A0の面積
= 1 m²

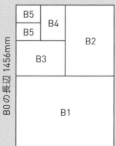

B0の短辺 1030mm

B0の長辺 1456mm

B5	B4	
B5		B2
B3		
B1		

B0の面積
= 1.5 m²

A判とB判のサイズは
どのように決められた？

緑の長方形は，A判で最大サイズであるA0をあらわしています。A0の面積はちょうど1平方メートルで，長辺が短辺の√2倍になります。A0の面積の半分がA1，その半分がA2，といったぐあいに小さくなります。すべてのサイズで長辺は短辺の√2倍です。

黄色い長方形は，B判で最大サイズであるB0をあらわしています。B0の面積は1.5平方メートルで，A0の1.5倍です。小さなサイズの定め方や短辺と長辺の比は，A判と同様です。

カメラの『絞り』にも平方根が使われている

カメラに入る光の量を調整する絞りにも√2が使われている

カメラの絞りは，目盛りが√2倍きざみ

カメラの絞りは，カメラの本体に入る光の量を調節する装置です。絞りの目盛りは，$\sqrt{2}$倍きざみになっています。絞りを1段階大きくすると，絞りの穴の半径が$\frac{1}{\sqrt{2}}$倍になり，絞りの穴の面積は$\frac{1}{\sqrt{2}} \times \frac{1}{\sqrt{2}}$で$\frac{1}{2}$倍になります。右ページのイラストの各絞りの穴の半径と穴の面積は，絞り1.0の場合の何倍になっているかをあらわしています。

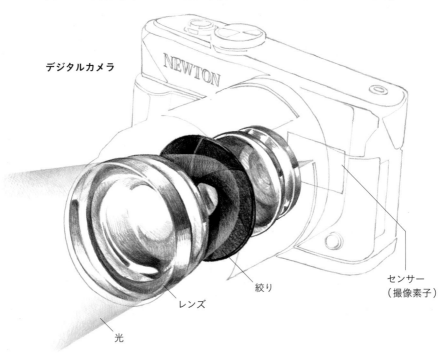

デジタルカメラ

レンズ

絞り

センサー
（撮像素子）

光

カメラのレンズについている，「絞り」とよばれる装置も，目盛りが$\sqrt{2}$倍きざみになっています※。絞りは，カメラの本体に入る光の量を調節する装置です。

たとえば絞り1.4は，絞り1.0の50％の光が本体に入る設定です。絞り1.4では，光が通過する穴の半径が絞り1.0の$\frac{1}{\sqrt{2}}$倍（約$\frac{1}{1.4}$倍）になります。すると穴の面積が$\frac{1}{\sqrt{2}}$倍×$\frac{1}{\sqrt{2}}$倍で$\frac{1}{2}$倍となり，本体に入る光の量が50％に調節されるのです。

ほかにも，中学校の技術・家庭科の授業で使う，90度に折れ曲がった「差し金」という工具の裏面にも，$\sqrt{2}$倍きざみの目盛りがふられています。直角二等辺三角形をつくるように差し金を丸太の断面にあてがうと，その丸太から得ることのできる角材の対角線の長さを，目盛りを読むだけで知ることができるのです。

※：絞りの目盛りは，0.7，1.0，1.4，2，2.8，4，5.6，8，…，のように，1を基準にした$\sqrt{2}$倍きざみになっています。絞りの最小値と最大値は，カメラのレンズごとにことなります。絞りの最小値は，絞りを全開にしたときの値で，レンズの焦点距離をレンズの直径で割った値です。

絞り1.0

穴の半径＝1

穴の面積＝1

絞り1.4

穴の半径＝$\frac{1}{\sqrt{2}}$倍

＝約$\frac{1}{1.4}$倍

穴の面積＝$\frac{1}{2}$倍

絞り2

穴の半径＝$\frac{1}{\sqrt{4}}$倍

＝$\frac{1}{2}$倍

穴の面積＝$\frac{1}{4}$倍

絞り2.8

穴の半径＝$\frac{1}{\sqrt{8}}$倍

＝約$\frac{1}{2.8}$倍

穴の面積＝$\frac{1}{8}$倍

絞り4

穴の半径＝$\frac{1}{\sqrt{16}}$倍

＝$\frac{1}{4}$倍

穴の面積＝$\frac{1}{16}$倍

絞り5.6

穴の半径＝$\frac{1}{\sqrt{32}}$倍

＝約$\frac{1}{5.6}$倍

穴の面積＝$\frac{1}{32}$倍

√2 を,筆算で計算する方法とは?

開平法を使うと,根号を使わずに筆算することができる

根号を筆算ではずす「開平法」

開平法は,割り算の筆算に似ています。割り算の筆算と大きくことなるのは,割る数がどんどん大きくなることと,割られる数を2けたずつ下へおろす点です。√60516の筆算(**A**)で練習して,√2の筆算(**B**)に挑戦してみてください。

A. √60516 の筆算

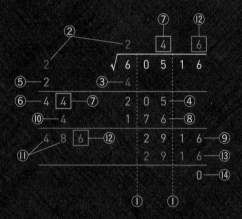

① 小数点を基準に2けたずつ点線で区切る
② 2乗すると6に最も近くなる数
  (ただし2乗しても6をこえない数)を書く → 2
③ 2 × 2 = 4
④ 6 − 4 = 2,「05」を下へおろす → 205
⑤ 上と同じ数を書く → 2
⑥ 2 + 2 = 4(2 × 2 = 4)
⑦ 4□ × □の値が,205に最も近くなるように
  (ただし205をこえないように),□の中に同
  じ数を書く → 4
⑧ 44 × 4 = 176

⑨ 205 − 176 = 29,「16」を下へおろす → 2916
⑩ 上と同じ数を書く → 4
⑪ 44 + 4 = 48(40 + 4 × 2 = 48)
⑫ 48□ × □の値が,2916に最も近くなるように
  (ただし2916をこえないように),□の中に同
  じ数を書く → 6
⑬ 486 × 6 = 2916
⑭ 2916 − 2916 = 0 → √60516 = 246
  60516の正の平方根は246

根号（√）を使わないで√2をあらわすと，小数点以下が循環せずに無限につづく数になります。この数の冒頭を，「ひとよひとよにひとみごろ…」（1.41421356…）の語呂合わせで暗記したという人も，多いのではないでしょうか。

　実は根号は，「開平法」とよばれる方法を使って，筆算ではずすことができます。左ページのイラストで紹介しているのは，√60516の根号を開平法ではずす方法です。開平法とはどのようなものなのか，まずご覧ください。

　右ページのイラストは，√2の根号を開平法ではずす穴埋めパズルです。ぜひ挑戦してみてください。ただし，√2の根号をはずすと，小数点以下が循環せずに無限につづくため，計算は終わることはありません。

B. √2の筆算

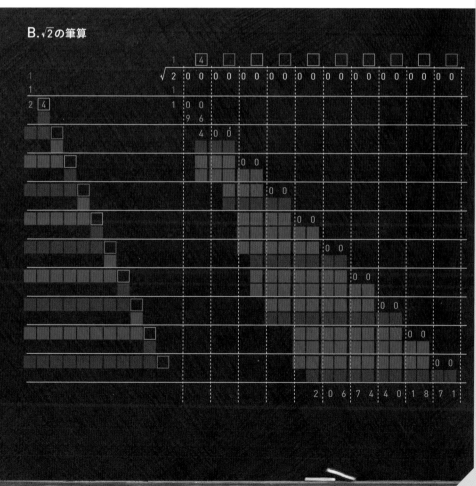

円周率πも，分数で あらわせない無理数

どこまで計算しても尽きることがない 近似値がつづく

円周率πの値を，「3.14」と覚え ている人もいるかもしれませ んが，これは近似値です。**実際には， πは小数点以下が循環せずに無限に つづく無理数です。**このため，小数 点以下のけた数をどんなに多く正確 に計算したとしても，その値は近似 値でしかありません。

　紀元前2000年ころのバビロニア 人は，円周率の値を「3」または「3と $\frac{1}{8}$（3.125）」と考えていたようです。 紀元前3世紀には，古代ギリシャの 数学者で物理学者のアルキメデス （前287ころ〜前212ころ）が，円周 率の値は「3と $\frac{10}{71}$ から3と $\frac{10}{70}$ の間 （3.1408…から3.1428…の間）」にあ ることを明らかにしました。

　現在，円周率の値は近似値を精度 よく計算できる，コンピューターの y -cruncher というプログラムを使 って計算されていて，2022年には， 小数点以下100兆けたまで計算され ました（60〜61ページ）。

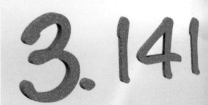

3.141

円周率πは無理数

円周率πは，小数点以下が循環せずに無限につづく無理数です（イラスト）。円周率が無理数であることは，ドイツの数学者ヨハン・ランベルト（1728〜1777）が，1761年にはじめて証明することに成功しました。

円周率には
乱数性がある

円周率πには,「000000000000」などの
奇妙な数列が含まれている

円周率は無限に不規則な数がつづくので, 中には右のページに示したような, 特徴的な数列がたまたま出現することがあります。「000000000000」や「77777 7777777」のほか「01234567890」や「09876543210」など, 両端を0とし, 自然数が大きさの順にきれいに並んだ数列なども複数みつかっています。

もし, 各数字の出現する頻度が完全にランダムだとしたら, πはどこまでも無限につづく数なので, その中には必ず, あなたが思い浮かべた数字も登場するはずなのです。あなたの誕生日や電話番号も必ずどこかに含まれています。

円周率の小数点以下は, 19世紀までに手計算により527けたまで計算され, 20世紀なかばに入ると, コンピューターの登場により, 劇的にけた数をのばしていきました。今では100兆けたまでが計算されており, 小数点以下5兆けたの中に0〜9の数字がどれくらい出現するかも調べられています。

各数の出現頻度にわずかな差はありますが, どの数もけた数の10分の1である5000億回程度出現していることがわかります。**これまでの計算結果をみるかぎり, それぞれの数字がほぼ同じ頻度であらわれ, しかも各数の出現のしかたに規則性は確認されていません。**さらにどの数字の出現頻度も, けた数がふえるにしたがい, ほぼ均等になっていくことがわかっています。

そのため, πの数字の並びは, すべての数字が等しい確率でランダムに出現する「乱数」であると考えられています。しかし, πの数字の並びがほんとうに乱数なのかは, 数学的には証明されていません。πにはまだまだ謎が残されているのです。

小数点以下（以下同）762けた目以降6けた

「ファインマンポイント」とよばれ，アメリカの物理学者リチャード・ファインマン（1918〜1988）が円周率をここまで暗唱したいとのべたことで有名です。

999999

1883万0020けた目以降8けた

ドイツ生まれの物理学者アルバート・アインシュタイン（1879〜1955）の誕生日を8けたであらわした数です。

18790314

423億2175万8803けた目以降11けた

両端が0で，間に9〜1の数が大きい順に並んでいます。

09876543210

504億9446万5695けた目以降11けた

両端が0で，間に1〜9の数が小さい順に並んでいます。

01234567890

1兆1429億531万8634けた目以降12けた

円周率のはじめの12けたと同じ数列です。

314159265358

1兆7555億2412万9973けた目以降12けた

0が12けた連続で並んだ数です。

000000000000

小数点以下5兆けたまでの出現頻度	
0	4999億9897万6328回
1	4999億9996万6055回
2	5000億0070万5108回
3	5000億0015万1332回
4	5000億0026万8680回
5	4999億9949万4448回
6	4999億9893万6471回
7	5000億0000万4756回
8	5000億0121万8003回
9	5000億0027万8819回

アルキメデスは『正多角形』からπの値を求めた

正多角形の辺の数を無限にふやせば
かぎりなく円に近づいていく

古代ギリシャの哲人アルキメデスは，円周率πの算出法として次のように考えました。

まず，円の内側に接する正六角形と，円の外側に接する正六角形を考えます。次に，正六角形の外周の長さと円周の長さを比較し，円周率のとりうる範囲をしぼりこみました。正六角形を使うと，円周率πの範囲が「3＜π＜3.4641…」となります。

アルキメデスはこの方法を拡張し，正12角形，正24角形，正48角形，正96角形といったぐあいに，円に内接・外接する正多角形の辺の数をどんどんふやしていきました。正多角形の辺の数をかぎりなくふやすと，正多角形と円の間のすき間はどんどん小さくなり，かぎりなく円の形に近づいていきます（右のイラスト）。最終的にアルキメデスは，正96角形を使うことで，3.1408…＜π＜3.1428…という不等式を得ることに成功しました。**このアルキメデスの式により，πの値は小数点以下2けた，すなわち，ようやく「3.14」まで確定したことになります。**

この方法は，原理的にはπの真の値に無限に近づくことができる点で画期的でした。アルキメデスのあと，数学者たちはひたすら正多角形の辺の数をふやしていきました。日本では，江戸時代の数学者，関孝和（1642〜1708）が，アルキメデスと同じ方法で正2^{17}角形（正13万1072角形）の周からπの値を小数点以下11けたまで求めました。また，数学者ルドルフ・ファン・ケーレン（1540〜1610）は，なんと正2^{62}（約461京1686兆）角形を使って，小数点以下35けたまでの正確なπの値を求めています。

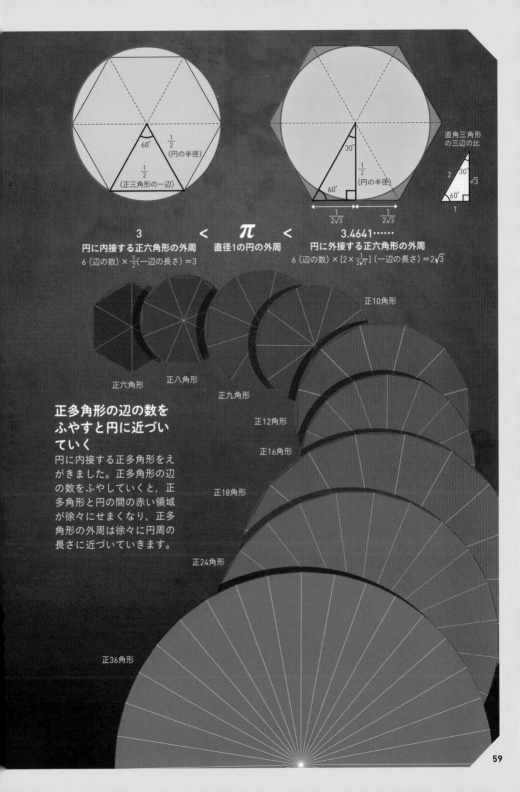

$60°$ $\frac{1}{2}$（円の半径）
$\frac{1}{2}$（正三角形の一辺）

$30°$ $\frac{1}{2}$（円の半径） $60°$
$\frac{1}{2\sqrt{3}}$ $\frac{1}{2\sqrt{3}}$

直角三角形の三辺の比
2 $30°$ $\sqrt{3}$ $60°$ 1

$$3 \quad < \quad \pi \quad < \quad 3.4641\cdots\cdots$$

円に内接する正六角形の外周
6（辺の数）× $\frac{1}{2}$（一辺の長さ）= 3

直径1の円の外周

円に外接する正六角形の外周
6（辺の数）× [2× $\frac{1}{2\sqrt{3}}$]（一辺の長さ）= $2\sqrt{3}$

正10角形
正六角形
正八角形
正九角形
正12角形
正16角形
正18角形
正24角形
正36角形

正多角形の辺の数を
ふやすと円に近づい
ていく

円に内接する正多角形をえ
がきました。正多角形の辺
の数をふやしていくと，正
多角形と円の間の赤い領域
が徐々にせまくなり，正多
角形の外周は徐々に円周の
長さに近づいていきます。

πの計算の最新記録は
なんと100兆けた

人類の知のバロメーターだった
円周率の計算にコンピューターが登場

円周率計算の歴史

紀元前2000年から西暦1949年までのπのけた数は，すべて手計算によって求められた値です。1949年から2022年までのπのけた数は，すべてコンピューターによって計算された値です。

1850年前後
マチンの公式を使い，1852年にウィリアム・ラザフォードが441けた，その弟子ウィリアム・シャンクスが，527けたまで計算しました。

1596〜1610年ごろ
ルドルフ・ファン・ケーレンがアルキメデスの方法で15×2^{31}角 形（約320角形）を使い，小数点以下20けたまで求めました。その後，1610年ごろには，正2^{62}角形を使い小数点以下35けたまで求めました。

紀元前250年
アルキメデスが正多角形を使った円周率の計算方法を考案し，小数点以下2けたまで正しく求めました。

1400年ごろ
マーダヴァが「マーダヴァ・グレゴリー・ライプニッツ級数」を発見。小数点以下10けたまで正しい値を求めました。

1706年
ジョン・マチンがマチンの公式を使い100けたまで求めました。

10^{14}		
10^{12}		
10^{10}		
10^{8}		
10^{6}		
10^{4}		
100		

紀元前
2000年
紀元前
250年
480年 1400年
1500年
1600年
1700年
1800年
1900年

コンピューターのない時代には，人類の知のバロメーターといわれていた円周率の計算ですが，コンピューターの登場以来，その処理速度の向上や新しい計算式によって計算にかかる時間がどんどん短くなっていきました。

その後，スーパーコンピューター（スパコン）の登場などにより，記録はさらにのびつづけます。**2022年6月に発表された最新のπの世界記録は，なんと100兆けたです。**これは，米国Google社の岩尾エマはるか氏のチームが，およそ157日23時間かけて計算したもので，それまでの記録である62兆8000億けたから，一気に約37兆けたも記録をのばしました。

現在ではπの近似値の計算はスパコンの性能を評価する基準にもなっており，今後も記録を更新しつづけることでしょう。**また，計算でつちかった知識やノウハウは流体力学のシミュレーションなどさまざまな分野で生かされています。**

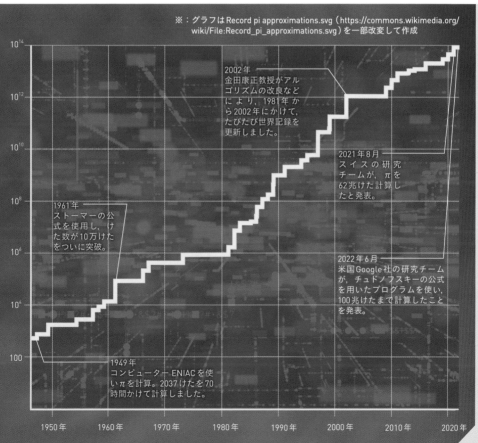

※：グラフはRecord pi approximations.svg（https://commons.wikimedia.org/wiki/File:Record_pi_approximations.svg）を一部改変して作成

2002年
金田康正教授がアルゴリズムの改良などにより，1981年から2002年にかけて，たびたび世界記録を更新しました。

2021年8月
スイスの研究チームが，πを62兆けた計算したと発表。

1961年
ストーマーの公式を使用し，けた数が10万けたをついに突破。

2022年6月
米国Google社の研究チームが，チュドノフスキーの公式を用いたプログラムを使い，100兆けたまで計算したことを発表。

1949年
コンピューターENIACを使いπを計算。2037けたを70時間かけて計算しました。

古代ギリシャ以来の難問『円積問題』

「円積問題」にはπの重要な性質がひそんでいる

人類は，昔から円についての数学的な研究を行い，紀元前2500年ごろには円周率の存在にも気づいていたようです。そして，円の面積の求め方にも取り組みました。その方法の一つが，円を同じ面積の正方形に変換する，「円の正方形化」です。**古代ギリシャでは，この問題にしばりを加え，「あたえられた円と同じ面積をもつ正方形を，定規とコンパスを用いた有限回の操作で作図できるか」という問題が考案されました。これが有名な「円積問題」です。**

円積問題は長い間数学者を悩ませつづけた問題ですが，19世紀後半になって，それは解くことが不可能なことが証明されました。

円の面積は半径×半径×πで求められるので，半径を1とすると，面積はπになります。面積πの正方形の1辺の長さは$\sqrt{\pi}$です。この正方形は，長さ$\sqrt{\pi}$の線分があたえられれば作図することができます。つまり円積問題は，「長さ1があたえられたとき，長さ$\sqrt{\pi}$の線分を作図できるか」という問題にいいかえることができます。

コンパスと定規を使えば，有理数の長さの線分はすべて作図することができます。また，$\sqrt{2}$のような，一部の無理数の長さの線分も作図できます。

しかし，無理数の中の「超越数」は作図ができません。超越数とは，無理数の中でもn次の代数方程式（nは自然数で，方程式の係数はすべて有理数）の解にならない数です。$\sqrt{2}$は$x^2 = 2$という方程式の解になるので超越数ではありません。もしπが超越数であれば$\sqrt{\pi}$も超越数になります。つまり，πが超越数であることが証明されれば，円積問題は不可能であることが自動的に証明されたことになるわけです。**そして1882年，数学者フェルディナント・フォン・リンデマン（1852〜 1939）によってπが超越数であることが証明されたのです。**

円積問題は解けないことが証明された

円積問題は定規とコンパスだけを使って，あたえられた円と同じ面積の正方形を作図する問題です。定規の目盛りを使ったり，コンパスを本来の用途ではない使い方で使ったりしてはいけません。非常にシンプルな設定であるにもかかわらず，多くの数学者を長いこと悩ませました。

半径1の円　　　　　　　　　　　　　　一辺 $\sqrt{\pi}$ の正方形

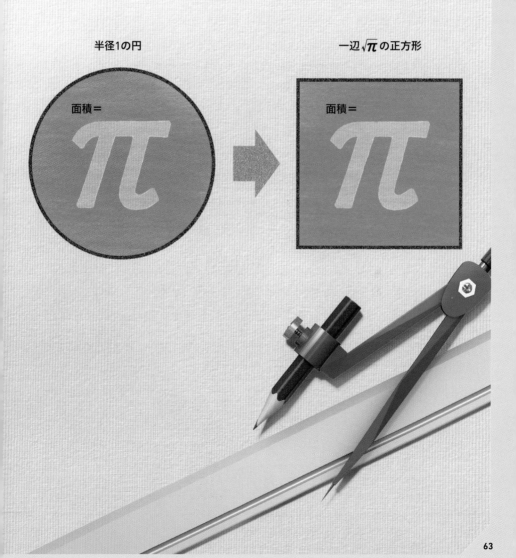

面積＝ π　　　　　　　　　　　　面積＝ π

有理数と無理数を合わせたものが『実数』

有理数は小数点以下が循環し、無理数は循環せずに無限につづく

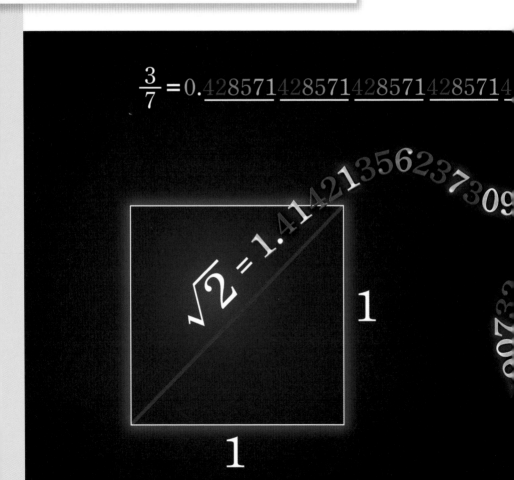

$$\frac{3}{7} = 0.\underline{428571}\underline{428571}\underline{428571}\underline{428571}$$

$$\sqrt{2} = 1.41421356237309$$

分 数のように,「分母も分子も整数になる分数であらわせる数」が「有理数」です。6，−3のような整数も $\frac{6}{1}$，$-\frac{3}{1}$とあらわせるので有理数です。

有理数は小数を使ってあらわすと，小数部分が有限になるか，小数部分が循環しながら無限につづく数になります。たとえば，$\frac{3}{5}$は0.6で小数部分が有限です。$\frac{3}{7}$は，0.42857142857 1428571……となり，「428571」とい

う配列を無限にくりかえします。

中学校の数学では，整数の分数であらわせない「無理数」が登場します。無理数は小数を使ってあらわすと，小数部分が循環せずに無限につづきます。たとえば円周率 π（＝3.14159……）は無理数であることがわかっています。

無理数は特別な数というわけではなく，正方形というありふれた図形の中にもかくれています（左下図）。

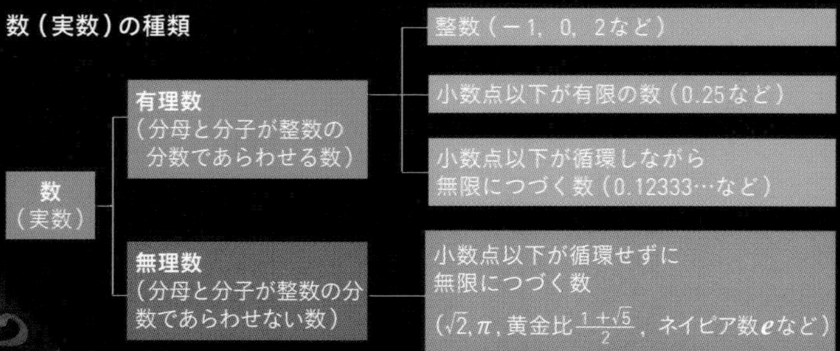

数（実数）の種類

		整数（−1，0，2など）
有理数（分母と分子が整数の分数であらわせる数）		小数点以下が有限の数（0.25など）
		小数点以下が循環しながら無限につづく数（0.12333…など）
無理数（分母と分子が整数の分数であらわせない数）		小数点以下が循環せずに無限につづく数（$\sqrt{2}$，π，黄金比 $\frac{1+\sqrt{5}}{2}$，ネイピア数 e など）

数（実数）

有理数と無理数

有理数は，小数部分が有限になるか，小数部分が循環しながら無限につづきます。一方，一辺が1の正方形の対角線の長さは $\sqrt{2}$ という無理数になります。無理数は，小数部分が循環せずに無限につづきます。イラストでは，小数を使ってあらわした数の各々の数字を色分けして示しました。

古代メソポタミア人も
知っていた$\sqrt{2}$

古代ギリシャでようやく受け入れられた $\sqrt{2}$ ですが，**古代メソポタミアの人々は，すでにそのおおよその値を知っていたらしいこ**とがわかっています。

　右のイラストは，アメリカのイェール大学に収蔵されているおよそ4000年前の古代メソポタミアの粘土板の復元図です。粘土板には，正方形とその対角線がえがかれているのがわかります。そして，対角線の上には，楔形文字で，「1・24・51・10」という数が書かれています。

　これらは60進法であらわされた数であり，10進法に直せば「1.41421296296……」（計算はイラスト右下）となり，これは $\sqrt{2}$ のきわめて正確な近似値です。

　さらに粘土板には，正方形の1辺の長さを30としたときの対角線の長さ（60進法で42・25・35，10進法に直せば42.4263888……）もきざまれています。

古代メソポタミアの粘土板の復元図

粘土板には，1辺7〜8センチの正方形がえがかれています。その対角線上には，$\sqrt{2}$のきわめて正確な近似値がきざまれています。

$$1 + \frac{24}{60} + \frac{51}{60^2} + \frac{10}{60^3} = 1.41421296296\cdots$$
$$\sqrt{2} = 1.41421356237\cdots$$

3

無限につづく数式の不思議

規則的に無限に数字が連なっていくおどろきの数式があります。分数が無限に足し合わされていく数式，分母の中に同じ分数が入れ子状態でつづいていく数式，√の中で無限に同じ√が足し合わされていく数式など，数式の不思議を堪能しましょう。

ふえつづけると無限大になる？

**無限の足し算の行方は
はたしてどうなる?**

永遠に大きくなりつづける直方体

イラストは，$1+\dfrac{1}{2^2}+\dfrac{1}{3^2}+\dfrac{1}{4^2}+\dfrac{1}{5^2}\cdots$という無限につづく足し算のイメージをえがいたものです。元の立方体の高さを1とし，$\dfrac{1}{2^2},\dfrac{1}{3^2},\dfrac{1}{4^2}$と足し算されていく経過を，それぞれの直方体の高さで表現しています。無限に足しつづけると，この直方体の高さは無限に高くなるのでしょうか。

数学の世界には，さまざまな美しさがかくされています。中でも，無限に足し算を行ったり，無限に分数をつなげたりした，「無限の数式」の美しさはひとしおです。

たとえば，$1 + \frac{1}{2^2} + \frac{1}{3^2} + \frac{1}{4^2} + \frac{1}{5^2} +$ …と，左から順番に分母が自然数（1以上の整数）の2乗になっている数式があります。非常に単純な規則性をもつこの数式は，「美しい数式」の一つです。

下のイラストでは，この規則性に

したがって分母が大きくなっていく分数を足し合わせた場合の値を，ガラスの直方体の高さであらわしています。いちばん左にある直方体の高さを1とすると，そのとなりにある直方体の高さは，$1 + \frac{1}{2^2}$ です。これを際限なくくりかえしていくと，無限に遠くにある直方体の高さは，いったいどうなるでしょうか。

その答えを知れば，この数式のもつ神秘的な美しさにきっとおどろかされるでしょう。

無限に足しつづけても
無限大になるとはかぎらない！

足しつづけても，
ある値をこえない場合がある

足せば足すほど
面積が２に近づく

イラストの左側には，面積が１の正方形があります。その右どなりに，面積が半分（$\frac{1}{2}$）の長方形が，その下には，さらに面積が半分（$\frac{1}{4}$）の正方形が……と，次々と面積を半分にした四角形が配置されています。ここで，四角形の面積を大きいほうから順に足し合わせていくことは，「$1+\frac{1}{2}+\frac{1}{2^2}+\frac{1}{2^3}+\frac{1}{2^4}+$……」という無限の足し算を行うことと同じです。つまり，この無限の足し算の答えは，２になるのです。

1+

1

1

1

単 純な「無限の足し算」を考えてみましょう。たとえば，$1+\frac{1}{2}$ $+\frac{1}{2^2}+\frac{1}{2^3}+\frac{1}{2^4}+\cdots$というように，足していく値が $\frac{1}{2}$ 倍ずつ小さくなっていく場合はどうでしょう。はたして答えは無限大（∞）になるのでしょうか？

実は，足す値が一定の割合で小さくなっていく数式の和（等比数列の和）は，無限に足しても有限の値になります。下のイラストのように，面積1の正方形の板のとなりに，面積が半分（$\frac{1}{2}$）の長方形を配置します。さらにその長方形の半分の面積（$\frac{1}{4}$）の正方形を下に足して……と，はじめの正方形の面積を基準に，以上の操作を無限にくりかえすと，イラストの右側にある板の面積の合計は，面積1の正方形にかぎりなく近づいていきます。

つまり板全体の面積は，合計で2に近づいていきます。このページで紹介した問題の答えは，板全体の面積，2と一致するのです。

$\frac{1}{2}$ 倍ずつ小さくなる等比数列の和の答え

$$\frac{1}{2}+\frac{1}{2^2}+\frac{1}{2^3}+\frac{1}{2^4}+\frac{1}{2^5}+\cdots\cdots=2$$

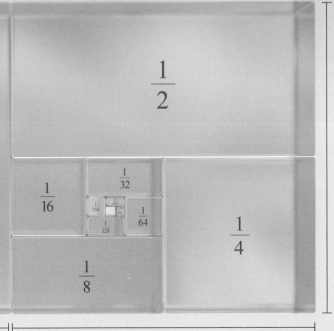

なぜか「π」が登場する 無限の足し算

無限の数式には 神秘的な美しさがある

では70～71ページで紹介した，自然数の2乗を分母にした無限の足し算についてみていきましょう。この問題は1644年に議論されはじめ，しばらくして計算結果が有限の値になることはわかりました。しかし，その具体的な値は，そう簡単には求められませんでした。そして，この計算の答えは「バーゼル問題」として，後世の数学者たちへと引きつがれていったのです。

バーゼル問題を解決したのは，天才数学者レオンハルト・オイラーです。1735年，オイラーは，まさに天才的なひらめきで，バーゼル問題の答えが$\frac{\pi^2}{6}$という，円周率πを含む値となることを示しました。

円や球とはまったく関係がなさそうな無限の足し算の結果にπがあらわれるのです。ここに，数学の神秘的な美しさがあるといえるのではないでしょうか。

オイラー級数（バーゼル問題）

$$\frac{\pi^2}{6} = \frac{1}{1^2} + \frac{1}{2^2} + \frac{1}{3^2} + \frac{1}{4^2} + \frac{1}{5^2} + \frac{1}{6^2} + \frac{1}{7^2} + \cdots$$

マーダヴァ・グレゴリー・ライプニッツ級数

$$\frac{\pi}{4} = \frac{1}{1} - \frac{1}{3} + \frac{1}{5} - \frac{1}{7} + \frac{1}{9} - \frac{1}{11} + \frac{1}{13} - \cdots$$

＋－が交互に入れかわる

分母は奇数

オイラー級数

$$\frac{\pi^2}{8} = \frac{1}{1^2} + \frac{1}{3^2} + \frac{1}{5^2} + \frac{1}{7^2} + \frac{1}{9^2} + \frac{1}{11^2} + \frac{1}{13^2} + \cdots$$

分母は奇数の2乗

オイラー級数

$$\frac{\pi^4}{90} = \frac{1}{1^4} + \frac{1}{2^4} + \frac{1}{3^4} + \frac{1}{4^4} + \frac{1}{5^4} + \frac{1}{6^4} + \frac{1}{7^4} + \cdots$$

分母は自然数の4乗

πが登場する無限の足し算

自然数を使った規則性をもつ分数を無限に足し合わせていくと，どういうわけか円周率「π」と関係した答えになるものがいくつもあります。上には，70〜71ページで紹介した問題（バーゼル問題）の答えのほか，そのような例をいくつか示しました。

数学者ラマヌジャンが円周率の公式を発見

インドの天才数学者ラマヌジャンによって，円周率の算出が容易になった

これまでに円周率 π を求めるさまざまな公式が考案されていますが，その中でも異彩を放つのが，インドの数学者シュリニヴァーサ・アイヤンガー・ラマヌジャン（1887〜1920）が発見した円周率の公式です（右上の式）。**ラマヌジャンの公式は複雑な形をしていますが，とても速く正確な π の値に収束することが知られています。**

この公式は，彼のノートに書かれた膨大な数の公式や定理の一つですが，ラマヌジャンはそれらの証明をいっさい残していなかったため，彼の死後多くの数学者たちが証明を試みました。

1985年には，ラマヌジャンの π の公式を使って，アメリカの数学者ウィリアム・ゴスパー（1943〜）が π の値を 1752万6200 けたまで計算しました。当時，ラマヌジャンの式の数学的な証明はされていませんでしたが，ゴスパーの計算結果は，おどろくべきことに，それまでに得られていた π の値と一致していたのです。その2年後の1987年，ラマヌジャンの π の公式の正しさは数学的にも証明されました。

なお1994年に発見された，ラマヌジャンの公式に似たチュドノフスキー兄弟（デビッド 1947〜，グレゴリー 1952〜）によるチュドノフスキーの公式は，さらに速く π の値に近づきます。

ラマヌジャンの円周率公式

$$\frac{1}{\pi} = \frac{2\sqrt{2}}{99^2} \sum_{n=0}^{\infty} \frac{(4n)!(1103+26390n)}{(4^n 99^n n!)^4}$$

くりかえしの
終わりの数→ ∞ ┌計算式など

$$\sum_{n=0} Xn$$

変数→ $n=0$ ↑
ここの部分を
くりかえし足し算

Σは，たくさんの足し算を簡潔にあらわすための記号です。上の場合，Σ以降の式に$n=0$を代入したものを第1項，$n=1$を代入したものを第2項，$n=2$を代入したものを第3項としていき，それらを第無限項まで（すなわちすべてのnにわたり）足し算することを意味します。

$$n! = n \times (n-1) \times \cdots \times 3 \times 2 \times 1$$
$$0! = 1$$

$n!$は「nの階乗」といい，nから1までの整数をすべてかけ合わせた数です。0の階乗は便宜上1と定義されています。

シュリニヴァーサ・アイヤンガー・
ラマヌジャン
（1887 ～ 1920）

インドの数学者。最先端とはいえない数学教育しか受けていなかったにもかかわらず，独学で数多くの独創的な公式や定理を発見し，「インドの魔術師」とよばれました。

チュドノフスキーの円周率公式

$$\frac{1}{\pi} = 12 \sum_{n=0}^{\infty} \frac{(-1)^n (6n)!(13591409+545140134n)}{(3n)!(n!)^3 (640320^3)^{n+\frac{1}{2}}}$$

無限に連なる分数で
πがあらわせる

円周率πとの悪戦苦闘は
思わぬ成果をもたらしている

円周率πをあらわす方法として,「連分数」を使う方法が編みだされました。これは,アイルランド生まれの数学者ウィリアム・ブラウンカー（1620ごろ～1684）による発見です。17世紀後半のことでした。**この公式は, 発見者にちなんで「ブラウンカーの公式」とよばれています。**

連分数とは, 分数の分母の中にさらに分数が含まれるという, 入れ子構造になった分数のことです（82～83ページ）。**右ページに示したように, πは自然数の2乗と奇数が順番にあらわれるきわめて規則正しい連分数であらわすことができるのです。**

ブラウンカーの公式は, イギリスの数学者ジョン・ウォリス（1616～1703）の「ウォリスの公式」（$\frac{2}{\pi} = \frac{1 \times 3 \times 3 \times 5 \times 5 \times 7 \times 7 \cdots}{2 \times 2 \times 4 \times 4 \times 6 \times 6 \cdots}$）からみちびきだされたといわれています。

無理数も無限につづく分数を使えばあらわせる

整数の分数ではあらわせないπのような無理数も, 無限につづく「連分数」を使えばあらわすことができます。

イギリス（イングランド）の数学者。第2代ブラウンカー子爵。チャールズ2世の王妃，キャサリンに仕え，英国王立協会の設立にもかかわりました（1662年から1677年まで初代会長）。1664年から1667年には海軍長官も務めており，数学のほかにも，銃の反動や熱が金属におよぼす影響なども研究しました。

自然数の2乗が
順番にあらわれる

$$\pi = \cfrac{4}{1 + \cfrac{1^2}{3 + \cfrac{2^2}{5 + \cfrac{3^2}{7 + \cfrac{4^2}{9 + \cfrac{5^2}{11 + \cdots}}}}}}$$

奇数が順番に
あらわれる

√ が無限に入れ子になる式でも π があらわせる

多角形を用いるアルキメデスの計算法以来の画期的な計算法が生まれた

ヴィエトの公式

$$\frac{2}{\pi} = \sqrt{\frac{1}{2}} \cdot \sqrt{\frac{1}{2} + \frac{1}{2}\sqrt{\frac{1}{2}}} \cdot$$

16 世紀のなかばになると，π をあらわす新たな方法が考えられるようになりました。**その最も古い例が，√（根号）の中に√が無限に入った「無限多重根号」を使ってπをあらわす式です。**下に示した，πを無限多重根号であらわした式を「ヴィエトの公式」といいます。この式はフランスの数学者フランソワ・ヴィエト（1540～1603）がみちびきだしました。

ヴィエトの公式は，πをはじめて一つの式の形であらわしたという点で画期的でした。アルキメデスの方法は，多角形の辺の数をふやすごとにことなる式を計算する必要がありますが，ヴィエトの公式は，一つの式を計算していくだけで，πの近似値の精度を無限に高めることができるのです。

ただし，ヴィエトの公式自体は，根号の計算が大変で，しかも，計算していってもなかなか真の値に近づかないため，正確なπの値を計算するという目的には不向きでした。**その後，πの値を求めるさまざまな公式が考案され，より正確なπの値が求められるようになっていきます。**

$$\sqrt{\frac{1}{2} + \frac{1}{2}\sqrt{\frac{1}{2} + \frac{1}{2}\sqrt{\frac{1}{2} + \frac{1}{2}\sqrt{\frac{1}{2}}}}} \cdots$$

フランソワ・ヴィエト
（1540～1603）

フランスの数学者。本職は弁護士でしたが，数学の研究も行いました。数のかわりに文字を用いて方程式の解などを研究する学問である「代数学」の原理を体系化し，「代数学の父」ともよばれています。

無限につづく『連分数』の神秘

無理数でも，連分数ならあらわせる場合がある

　　数の分母の中にさらに分数が含まれる数のことを「連分数」といいます。分母の中に一つでも分数が入れ子構造になっていれば連分数といえますが，右に示したように分母に無限に分数を含むような形の連分数もあります。**無限につづく連分数の中でも，同じ数だけであらわされる連分数の美しさは際立っています。**

　たとえば，$\sqrt{2}$は，有限の小数や整数の分数を使ってあらわすことのできない無理数です。小数を使ってあらわしたとしても，1.41421356…と，規則性がみえず，数字が果てしなくつづきます。しかし，$\sqrt{2}$を連分数を使って表現すると，1と2という非常に単純な整数だけであらわすことができるのです（右のイラスト）。

　なお，円周率「π」や，最も美しい比率といわれる黄金数「ϕ」，さらに預金の計算などに使われるネイピア数「e」などの数も，無限につづく連分数であらわすことができます。

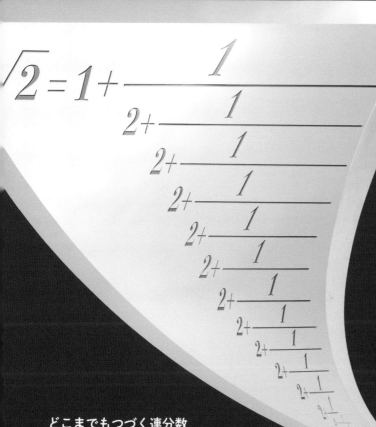

$$\sqrt{2} = 1 + \cfrac{1}{2 + \cfrac{1}{2 + \cfrac{1}{2 + \cfrac{1}{2 + \cfrac{1}{2 + \cfrac{1}{2 + \cfrac{1}{2 + \cfrac{1}{2 + \cfrac{1}{2 + \cfrac{1}{2 + \cfrac{1}{2 + \cdots}}}}}}}}}}}$$

どこまでもつづく連分数

ここでは, √2を連分数としてえがいています。√2は本来なら整数の分数ではあらわすことのできない数（無理数）であるにもかかわらず，無限につづく連分数を用いると，不思議なことに非常に単純な数だけであらわすことができるのです。

無限の√がつくる数

無限につづく根号のマジック

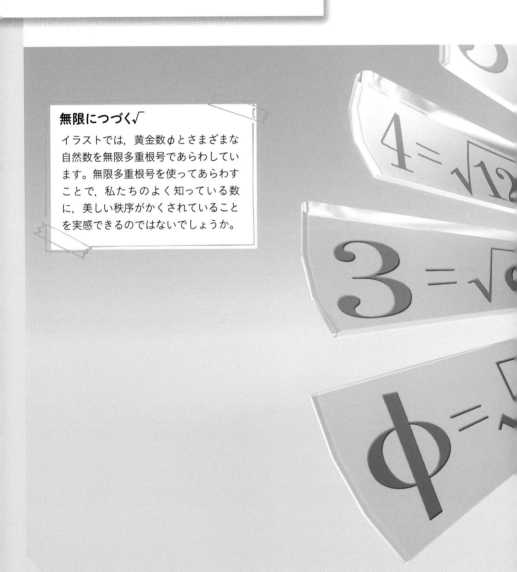

無限につづく√

イラストでは，黄金数φとさまざまな自然数を無限多重根号であらわしています。無限多重根号を使ってあらわすことで，私たちのよく知っている数に，美しい秩序がかくされていることを実感できるのではないでしょうか。

こ こでは，√（根号）を使った無限の数式をみていきましょう。

たとえば，$\sqrt{2}$ を2乗すれば2になるように，平方根を2乗すると√をはずすことができます。では，√の中で無限に√の足し算をくりかえすような数式の値はどうなるでしょうか。**このような数式のことを，「無限多重根号」といいます。**

実は，1を除く自然数は，下のイラストに示したように無限多重根号で書きあらわすことができます。一見複雑そうにみえる無限多重根号の答えが，非常に単純な値になるのは面白いですね。

1＋2＋3＋……と足しつづけた答えが負の数？

**理解に苦しむ不思議な式だが,
正しい式になっている**

理解がむずかしい
ゼータ関数の答え

ゼータ関数とよばれる関数に0〜−3を代入した場合の計算結果を示しました。右側の値は,常識的に考えれば,誤っているように思えます。しかし数学的にはどれも"正しい"式なのです。

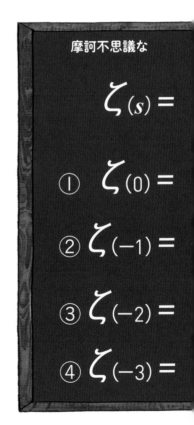

摩訶不思議な

$\zeta_{(s)} =$

① $\zeta_{(0)} =$

② $\zeta_{(-1)} =$

③ $\zeta_{(-2)} =$

④ $\zeta_{(-3)} =$

「1＋2＋3＋……」と，1ずつ大きくなっていく数を無限に足し合わせていくと，その和は無限に大きくなるはずです。しかし，下の黒板の②の数式をみると，無限に大きくなるどころか，負の値になっています。ほかの数式の答えも，理解しがたいのではないでしょうか。これらの不思議な数式は，数学を専門にする人たちにとっては，ある意味"正しい式"なのだといいます。

謎を解くかぎは，数式の左に書かれている「ζ」という記号です。

この式は，「ゼータ関数（ζ関数）」といい，複素数をあつかう「複素関数」の一種です。複素数とは，実数と虚数（2乗して負になる数）を組み合わせてできる数のことで，①〜④は，ゼータ関数の変数「s」の値が0〜−3のときの計算結果です。

sが1以下のとき，ゼータ関数の値を普通に計算すると，無限に大きくなってしまいます。しかしここでは，"近似"というからくりを使うことで，ゼータ関数が無限に大きくなることを回避しているのです。

ゼータ関数（ζ関数）

$$\frac{1}{1^s} + \frac{1}{2^s} + \frac{1}{3^s} + \frac{1}{4^s} + \frac{1}{5^s} + \cdots$$

$$1 + 1 + 1 + 1 + 1 + \cdots = -\frac{1}{2}$$

$$1 + 2 + 3 + 4 + 5 + \cdots = -\frac{1}{12}$$

$$1^2 + 2^2 + 3^2 + 4^2 + 5^2 + \cdots = 0$$

$$1^3 + 2^3 + 3^3 + 4^3 + 5^3 + \cdots = \frac{1}{120}$$

無限の足し算で，素数の秘密にせまる

ドイツの数学者ベルンハルト・リーマン（1826 〜 1866）は，1859年に，当時注目を浴びていた新しい数である虚数 i を使って，ゼータ関数を書き直しました。そして，現在も未解決の問題である「リーマン予想」※を提唱しました。この予想は，アメリカのクレイ数学研究所から100万ドルの懸賞金がかけられた「ミレニアム懸賞問題」の一つです。

リーマン予想は，ある値までに存在する「素数の数」を精度よく見積もることができる，「素数公式」のために立てられた予想です。 2022年11月現在，発見されている最大の素数は2486万2048けたの素数ですが，この素数までの間にあるすべての素数が発見されたわけではありません。リーマン予想の真偽を確かめることができれば，ある数までの間に存在する素数の数を正確に計算することができるようになるといいます。**ゼータ関数は，素数の探索に役立つ可能性があるのです。**

また，**ゼータ関数は，素粒子物理学の最先端で研究されている「超弦理論（超ひも理論）」などでも使われています。**

※：リーマン予想は，ゼータ関数の値がゼロになるときの虚数部分の値については言及していません。そのため，リーマン予想が正しくても，すぐに素数の数が判明するわけではありません。

ある値までに存在する素数の数は？

ここに書かれた数はすべて素数です。ゼータ関数により、「ある数までの間に存在する素数の数」を正確に予測することができるようになる可能性があります。

$$\zeta(s) = \sum_{n=1}^{\infty} \frac{1}{n^s} = \frac{1}{1-\frac{1}{2^s}} \times \frac{1}{1-\frac{1}{3^s}} \times \frac{1}{1-\frac{1}{5^s}} \times \frac{1}{1-\frac{1}{7^s}} \times \cdots$$

4

虚数の神秘

私たちがふだんあつかう数はどれも，2乗すればプラスになります。しかし「虚数」は，2乗するとマイナスになる数です。虚数が誕生したことで，数の世界は大きく広がり，物理学の発展にもつながりました。4章では，虚数の何とも奇妙な虚数の性質と，虚数がもたらした自然科学の発展をみていきます。

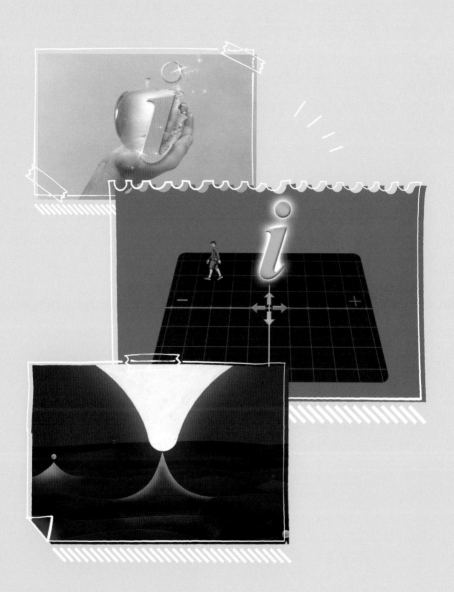

人類は,数の世界を拡張してきた

「マイナス」を受け入れるのにはひと苦労

数の中で,最も起源が古いのは「自然数(natural number)」です。自然数とは,リンゴが1個,2個……というぐあいに,物の個数を数えるときに使う数のことです。

その後,自然数どうしの割り算の答えをあらわすために分数が発明され,自然数と分数をあわせて「(正の)有理数」とされました。さらにその後,「√2」のような「無理数」が使われるようになりました。**この有理数と無理数をあわせたものが「実数」です。このように,人類は数の世界を徐々に「拡張」してきたのです。**

ところで,「負の数」,つまり「マイナス」の概念をはじめて本格的に受け入れたのは,7世紀のインドであったといわれています。ヨーロッパでは17世紀になっても,複数の著名な数学者が負の数の存在を認めていませんでした。数というものは,もともとは物の数を数えるためのものであり,負の数の概念は受け入れがたかったようです。

3 個のリンゴ

イメージしやすい

－3 個のリンゴ

イメージしづらい

−6℃の気温

イメージしやすい

負の数は,「数直線」があれば イメージしやすい

「−3個のリンゴ」のように,負の数を個数 として考えると,イメージしづらくなります (左ページ)。一方,温度計のように,ゼロを 中心に正の数と負の数が対称になっている直 線(数直線)でみると,負の数はイメージし やすくなります(右ページ)。

『足して10，かけて40』になる二つの数は？

16世紀の数学者カルダノの不思議な問題

16世紀に，イタリアの数学者ジローラモ・カルダノ（1501〜1576）があらわした『アルス・マグナ（大いなる技法）』に，次のような問題がのっています。

> 二つの数がある。
> これらを足すと10になり，
> かけると40になる。
> 二つの数はそれぞれいくつか。

小さな木片を四角形に並べて，このカルダノの問題を考えてみましょう（イラスト）。

まず，この問題の答えにあたる「二つの数」が，木片の「横の枚数」と「縦の枚数」であると考えます。そして，「横の枚数＋縦の枚数＝10」になるように木片を四角形に並べます。このとき，「横の枚数×縦の枚数＝40（つまり，木片の総数が40枚）」となる並べ方をみつければ，そのときの「横

の枚数」と「縦の枚数」が問題の答えとなるわけです。

右のイラストのように，木片を横に5枚，縦に5枚としてみても，横に4枚，縦に6枚としてみても，問題の条件を満たしません。**すべてのパターンを試してみると，木片の総数が40枚になる並べ方は存在しないことがわかります。**

ところが，『アルス・マグナ』には，なんと，この問題の具体的な答えがしるされています。それが，2乗するとマイナスになる奇妙な数でした。

横**5**枚＋縦**5**枚＝**10**

横 5 枚

縦 5 枚

横**5**枚×縦**5**枚＝**25**

横**4**枚＋縦**6**枚＝**10**

横 4 枚

縦 6 枚

横**4**枚×縦**6**枚＝**24**

横**2**枚＋縦**8**枚＝**10**

横 2 枚

縦 8 枚

横**2**枚×縦**8**枚＝**16**

横の枚数×縦の枚数＝40（木片の総数が40枚）**にはならない！**

2乗してマイナスになる不思議な「虚数」

カルダノの問題の答えを出すには?

カルダノがしるした答え

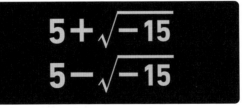

カルダノの時代には，平方根をあらわす√（ルート）の記号がまだなく，根を意味するラテン語のRadixを略した「Rx」を組み合わせた記号が使われました。また，プラス記号は「p:」，マイナス記号は「m:」でした。現代の書き方であらわすと，以下のようになります。

$$5 + \sqrt{-15}$$
$$5 - \sqrt{-15}$$

カルダノは，「精神的な苦痛を無視すれば，この二つの数のかけ算の答えは40となり，確かに条件を満たす」としるしました。しかし，カルダノは，「これは詭弁的であり，数学をここまで精密化しても実用上の使い道はない」と書きそえています。虚数の答えを示していながらも，虚数の存在を受け入れてはいなかったようです。

カルダノが『アルス・マグナ』に しるした「足して10，かけて 40になる二つの数は何か？」の答え は，「$5+\sqrt{-15}$」と「$5-\sqrt{-15}$」とい う二つの数でした。$\sqrt{-15}$というの は，2乗すると-15になる数という 意味です。つまりこれは虚数です。

ほんとうに問題の答えとなってい るのか確かめてみましょう。まず， 「$5+\sqrt{-15}$」と「$5-\sqrt{-15}$」を足す と，$\sqrt{-15}$の部分が相殺されて$5+5$ $=10$になります。一方，この二つの 数をかけると，

$$(5+\sqrt{-15})\times(5-\sqrt{-15})$$
$$=25-(5\times\sqrt{-15})+(5\times\sqrt{-15})+15$$
$$=40$$

となり，確かにカルダノの問題の答 えになっていることがわかります。

こうしてカルダノは，虚数を用い れば，答えのない問題にも答えが出 せることをはじめて示したのです。

カルダノの解き方

「5よりxだけ大きな数」と「5よりxだけ小さな数」の組み合わせで，かけて40になる数をさ がします。二つの数を（$5+x$），（$5-x$）と置けば，

$$(5+x)\times(5-x)=40$$

中学校で習う公式（$a+b$）×（$a-b$）$=a^2-b^2$ を使って左辺を変形すると，

$$5^2-x^2=40$$

$5^2=25$なので $25-x^2=40$

移項すると $x^2=-15$

xは「2乗して-15になる数」となりますが， そのような数は存在しません。しかしカルダ ノは本の中で，「2乗して-15になる数」を 「$\sqrt{-15}$」と書き，あたかも普通の数のように あつかってみせました。そして，「5よりxだけ 大きな数」と「5よりxだけ小さな数」の組み 合わせである，「$5+\sqrt{-15}$」と「$5-\sqrt{-15}$」を， 問題の答えとして本にしるしたのです。

『アルス・マグナ（大いなる技法）』

カルダノが1545年に書いた数学の本。3次方程式や4次方程式の解法や，それ を使って解くことのできる練習問題などがしるされています。

数学者でさえも
虚数にはとまどった

虚数単位「i」を考案したのは数学者オイラー

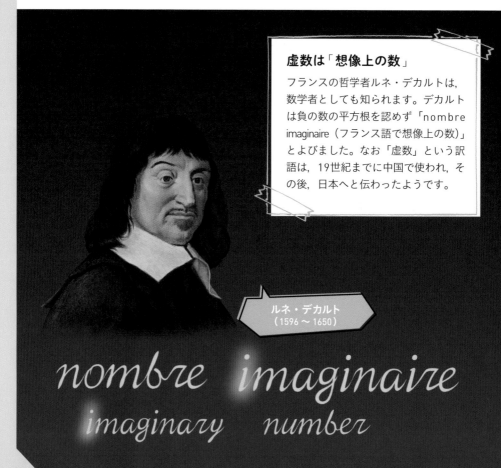

虚数は「想像上の数」

フランスの哲学者ルネ・デカルトは，数学者としても知られます。デカルトは負の数の平方根を認めず「nombre imaginaire（フランス語で想像上の数）」とよびました。なお「虚数」という訳語は，19世紀までに中国で使われ，その後，日本へと伝わったようです。

ルネ・デカルト
（1596 ～ 1650）

nombre imaginaire
imaginary number

カルダノの本に登場した虚数を, 数学者たちはすぐには受け入れませんでした。フランスの哲学者で数学者ルネ・デカルト（1596 〜 1650）は, 「2乗するとマイナスになる数は図にえがけない」と結論しました。そして, **否定的な意味をこめて「想像上の数（フランス語で nombre imaginaire）」とよびました。**これが, 虚数を意味する英語「imaginary number」の語源です。

18世紀に, 虚数を駆使して数学を探究した人物がいました。スイス生まれの数学者レオンハルト・オイラーです。オイラーは, 「2乗すると−1になる数」を「虚数単位」と定め, imaginary の頭文字である「i」という文字（記号）であらわしました。つまり $i^2 = -1$ です。ルート（$\sqrt{\ }$, 平方根の記号）を使ってあらわすと, $i = \sqrt{-1}$ と書くことができます。オイラーは, 虚数のもつ重要な性質を天才的な計算能力で解き明かしていきました。

「i 個のリンゴ」など存在しない

自然数, 分数（有理数）や無理数といった「実数」は, 物の大きさや長さといった具体的な量と結びつけて考えることができます。一方, 虚数は「i 個のリンゴ」などのように具体的な量と結びつけることができません。イラストは, そうした虚数の不思議さをあらわしました。

虚数は「数直線」の "外"にある

数直線から飛びだせば、図でえがくこともできる

ゼロを示す原点から右にのびる矢印でプラスの数をあらわすなら，マイナスの数はその反対（左）にのびる矢印としてあらわせます。この「数直線」は，実数全体をあらわせます。では，虚数はどうすれば図にえがけるのでしょうか。**数直線のどこにも，虚数の居場所はないようにみえます。**

デンマークの測量技師，カスパー・ヴェッセル（1745 〜 1818）は，「虚数は数直線上のどこにもない。ならば数直線の外，つまり原点から上下へとのばした矢印を虚数と考えればよいのではないか?」と考えました。

水平に置いた数直線で実数をあらわし，それに垂直なもう一つの数直線を置いて虚数をあらわせば，二つの座標軸をもつ平面ができあがります。 この図を使うと，虚数や複素数（実数と虚数が組み合わされた数）が図にえがけるようになります。虚数が "目に見える" のです。

実数の表現

ゼロをあらわす「原点」を置き，＋1や－1の矢印を基準にすることで，「数直線」の上にすべての実数をあらわせます。

虚数の表現

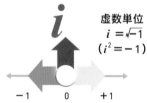

虚数単位
$i = \sqrt{-1}$
$(i^2 = -1)$

＋1や－1の矢印と同じ長さで，原点から真上に向かう矢印を虚数単位 i と定めれば，さまざまな虚数（$2i$, $\sqrt{3}i$ など）を図にあらわせます。

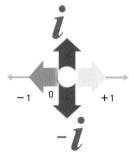

i の矢印と同じ長さで，原点から真下に向かう矢印を「$-i$」とすれば，すべての虚数を図にあらわせます。

実数をあらわす「数直線」

実数は，数直線上の1点であらわされます。

虚数（複素数）をあらわす
「複素平面」

虚数（複素数）は，複素平面上の1点で
あらわされます。

「実数＋虚数」
それが複素数

**図にえがく方法が考案されたことで
しだいに虚数も受け入れられるようになった**

複素数をあらわす「複素平面」

複素数は複素平面上にあらわすことができます。
たとえば，実数4に，虚数$5i$（$=5\sqrt{-1}$）を足した
複素数「$4+5i$」（$=4+5\sqrt{-1}$）は，実数の数直線
（水色）の座標が4で，虚数の数直線（ピンク色）
の座標が$5i$となる点であらわすことができます。

複素平面（ガウス平面）

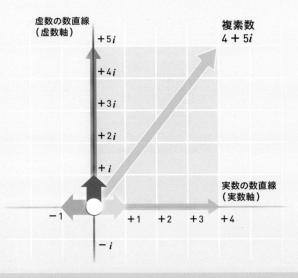

虚数の数直線
（虚数軸）

複素数
$4+5i$

$+5i$

$+4i$

$+3i$

$+2i$

$+i$

実数の数直線
（実数軸）

-1 $+1$ $+2$ $+3$ $+4$

$-i$

━━ つの数直線からなる平面で虚数を図にえがく方法を発見したのは，ヴェッセルだけではありません。フランスの会計士ジャン・ロベール・アルガン（1768～1822）とドイツの数学者ガウスも，それぞれ独自に同様のアイデアにたどりついたのです。

　ガウスはこの平面上の点としてあらわせる数を「複素数」と名づけました。**複素数は，実数と虚数という複数の要素をもつ数であり，実数の範囲をこえて拡張された新しい数です。**

　たとえば，実数である5に，虚数である$4i$を足した答えは「$5+4i$」です。この数は，実数の数直線（実数軸：横軸）の座標が5で，虚数の数直線（虚数軸：縦軸）の座標が$4i$となる点としてあらわすことができます。

　この図は「複素平面」といい，「複素数平面」「ガウス平面」とよばれることもあります。こうして虚数は，しだいに受け入れられるようになっていきました。

複素数の足し算・引き算

複素数の足し算は，「複素平面上の二つの矢印をつぎ足す操作」と考えることができます。たとえば（$5+2i$）＋（$1+4i$）という足し算は，「$5+2i$をあらわす矢印」の終点に，「$1+4i$をあらわす矢印」をつぎ足す操作であり，その答えは$6+6i$です（下のイラスト）。このことから引き算を考えてみます。複素数Cから複素数Aを引くことを考えるとき，まず「AからCへとのびる矢印」（水色）をえがきます。その矢印を平行移動して始点を原点に置けば，終点が引き算の答え（複素数B）になります。A＋B＝Cなので，B＝C－Aとなるわけです。

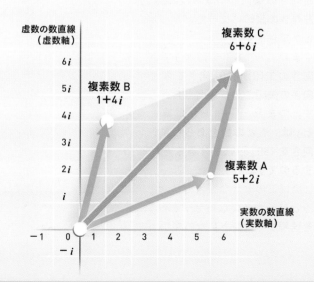

マイナス×マイナスが プラスになる理由

−1のかけ算は，180°の回転

−1

マ イナス×マイナスは，なぜプラスになるのでしょうか。ここでも矢印を使って考えてみましょう。ゼロを原点として＋1を右向きの長さ1の矢印であらわすと，−1は＋1と反対である左向きの長さ1の矢印であらわすことができます。

この矢印の考え方を使うと，マイナスのかけ算が非常にわかりやすくなります。たとえば，＋1×（−1）＝−1を考えてみましょう。これは，右向きの矢印が180°向きを変えて左向きの矢印になったととらえることができます。

また，−1×（−1）＝1では，左向きの矢印が180°向きを変えて右向きの矢印になったととらえられます。**つまり，「−1をかけ算すること」は，もとの数をあらわす矢印の向きを180°回転させることに相当するのです。**

実はこのような考え方は，「2乗するとマイナスになる数」である虚数を理解するヒントになっています。

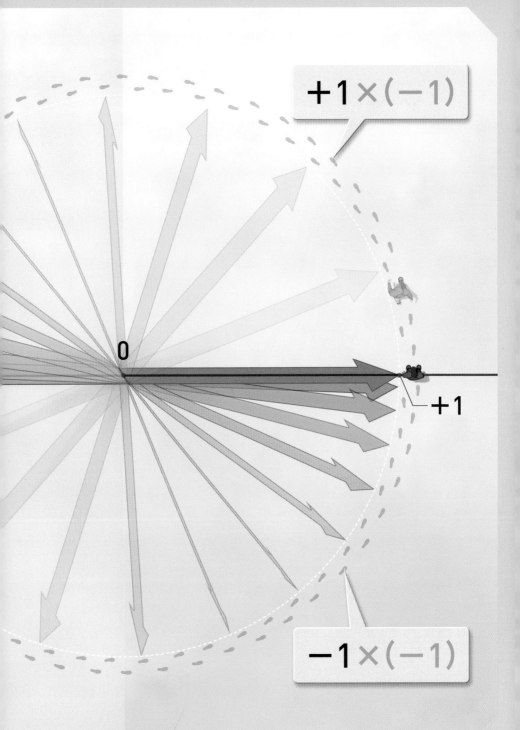

虚数がなければ、電子一つも説明できない

ミクロな世界を法則は、虚数を使ってはじめて解き明かせる

こにえがいたのは、科学者たちが解き明かした水素原子の姿です。原子の中の電子は、観測すると、ある1点にしかみつかりません（イラスト右側）。しかし観測するまでは、位置が確定できません（イラスト左側で、そのイメージを霧のようなものとしてえがきました）。

量子力学によると、観測することなしに1個の電子がどこに存在するかを確定することはできません。これは量子力学の「不確定性原理」とよばれる原理の結果です。そのかわりに「1個の電子がどこで発見されやすいか」を計算によって知ることはできます。

この確率は、複素数の値をもつ「波動関数ψ」（正確には「波動関数の絶対値の2乗」）によってあらわされます。量子力学の基本方程式である「シュレーディンガー方程式」を使うと、波動関数が時間に応じてどう変化するかを知ることができます。このシュレーディンガー方程式を見ると、虚数単位であるiが、そのままの形で含まれています。**このように量子力学は虚数や複素数の存在を前提としてなりたっている物理理論といえます。**

原子の中を満たす
電子の"霧"

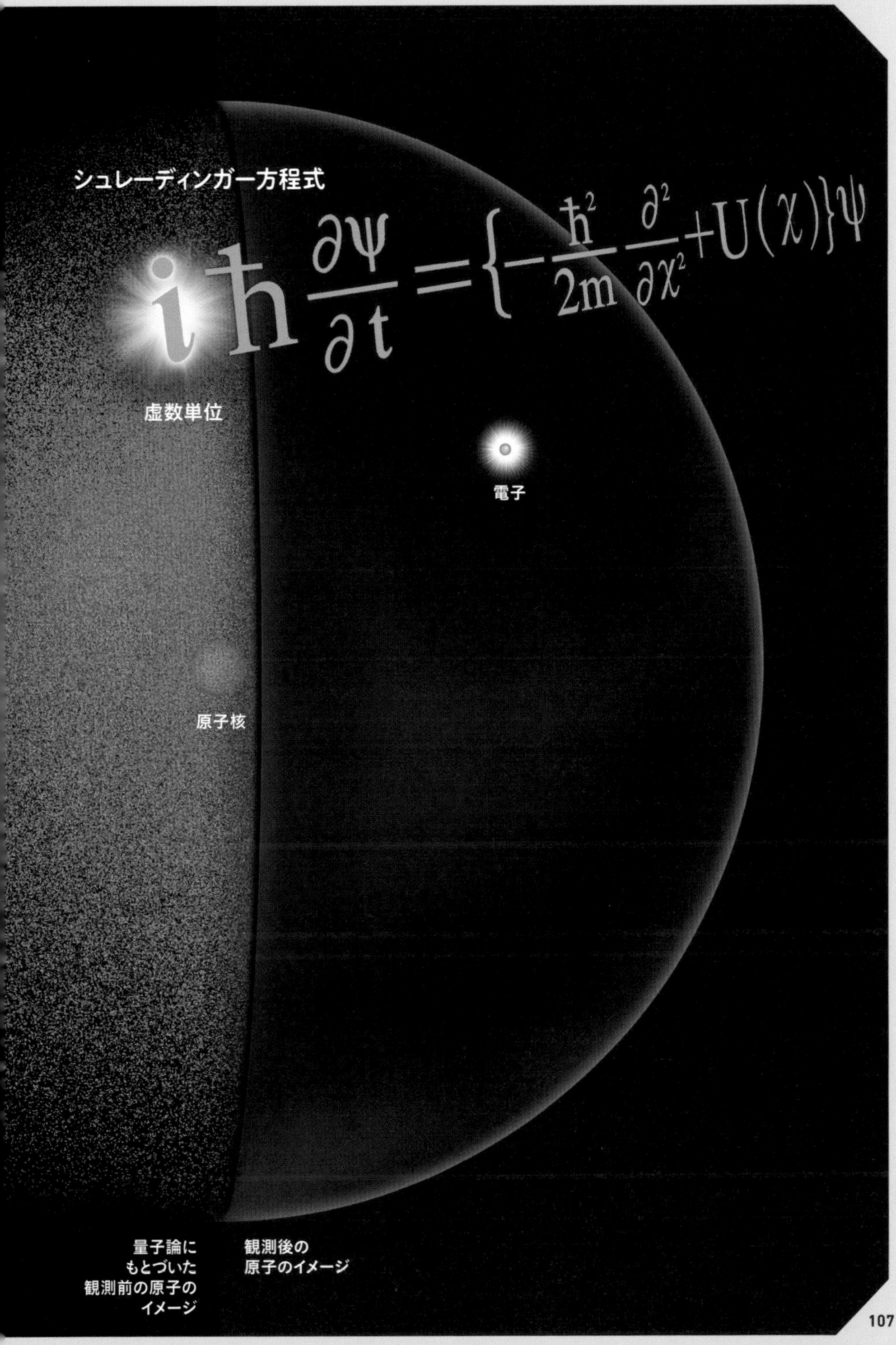

シュレーディンガー方程式

$$i\hbar\frac{\partial\Psi}{\partial t}=\left\{-\frac{\hbar^2}{2m}\frac{\partial^2}{\partial x^2}+U(x)\right\}\Psi$$

虚数単位

電子

原子核

量子論に
もとづいた
観測前の原子の
イメージ

観測後の
原子のイメージ

質量が虚数の粒子で "過去と通信" できる？

未発見の超光速粒子タキオン
その質量は虚数

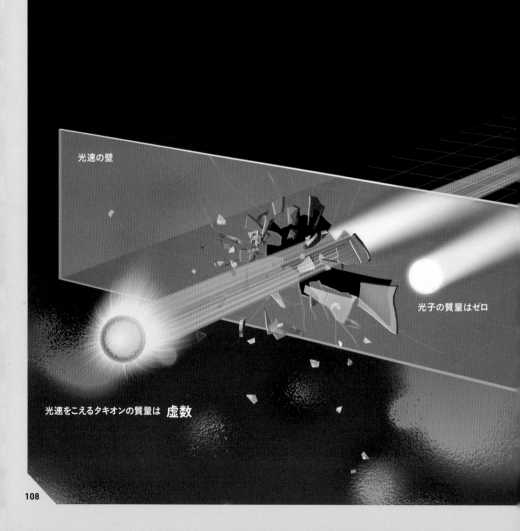

光速の壁

光子の質量はゼロ

光速をこえるタキオンの質量は **虚数**

相対性理論によれば，光速こそが宇宙の最高速度であり，光速をこえることは不可能です。

しかし，相対性理論は，生まれながらにして光速をこえている存在を否定するわけではありません。そして，そのような仮想的な超光速粒子がタキオンなのです。

光速をこえる奇妙な粒子であるタキオンは，その質量も奇妙です。相対性理論によってみちびかれる速度と質量の関係式を満たすには，**タキ**オンの質量（正確には静止質量）は実数ではなく虚数でなければならないのです。

虚数の質量をもつタキオンが実在するなら，まるでSFのような過去への通信が実現する可能性があります。しかし残念ながら，タキオンが発見されたという報告はありません。多くの物理学者は，タキオンはあくまでも理論上の粒子にすぎず，実在しないと考えているようです。

タキオン

光子
（光の素粒子）

質量をもつ粒子

質量をもつ粒子の速度は，
決して光速に届かない

光速の壁をやぶるタキオン。その質量は？

さまざまな粒子の速度をくらべたようすをえがきました。光の素粒子である光子の速度（光速の壁）をこえる粒子は普通存在しませんが，仮想上の粒子タキオンは光速の壁をやぶって進みます。光子の質量はゼロです。ゼロではない正の質量をもつ粒子は光よりも遅く進みます。そして，光速より速いタキオンの質量は虚数になってしまいます。

宇宙のはじまりには虚数時間があった？

ホーキング博士が提唱した奇抜なアイデア

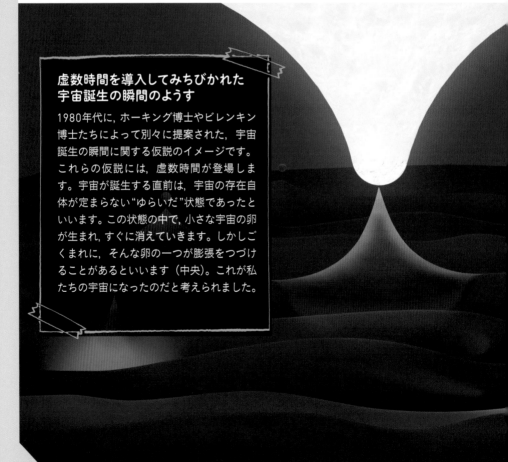

虚数時間を導入してみちびかれた宇宙誕生の瞬間のようす

1980年代に，ホーキング博士やビレンキン博士たちによって別々に提案された，宇宙誕生の瞬間に関する仮説のイメージです。これらの仮説には，虚数時間が登場します。宇宙が誕生する直前は，宇宙の存在自体が定まらない"ゆらいだ"状態であったといいます。この状態の中で，小さな宇宙の卵が生まれ，すぐに消えていきます。しかしごくまれに，そんな卵の一つが膨張をつづけることがあるといいます（中央）。これが私たちの宇宙になったのだと考えられました。

「**宇**宙のはじまり」を，物理学で説明することはできるのでしょうか？　この深遠なるなぞに挑戦したのが，イギリスの物理学者スティーブン・ホーキング博士（1942 ～ 2018）です。

　ホーキング博士は，奇抜なアイデアをひねり出しました。それは，「宇宙のはじまりには虚数の時間が存在したが，やがて実数の時間に置きかわった」というものです。

　宇宙のはじまりには，ほんとうに虚数時間が流れていたのでしょうか？　残念ながら，その真相を確かめるすべはありません。**しかし重要なことは，「虚数時間があったと想像すれば，究極の難問にも答えが出せる」ということです。**これこそ，虚数というものの威力にほかならないのです。

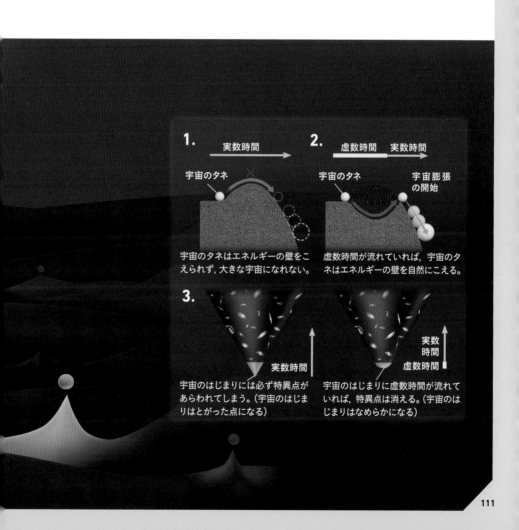

1. 実数時間 →

宇宙のタネ

宇宙のタネはエネルギーの壁をこえられず，大きな宇宙になれない。

2. 虚数時間　実数時間 →

宇宙のタネ　　宇宙膨張の開始

虚数時間が流れていれば，宇宙のタネはエネルギーの壁を自然にこえる。

3. 実数時間

宇宙のはじまりには必ず特異点があらわれてしまう。（宇宙のはじまりはとがった点になる）

実数時間　虚数時間

宇宙のはじまりに虚数時間が流れていれば，特異点は消える。（宇宙のはじまりはなめらかになる）

そもそも数は「存在」するの？

私たちがよく知る，1，$\frac{1}{2}$，0.3……などといった“普通の数”は「現実の数」や「存在する数」といえるでしょうか。

1，2，3……のような，物の個数をあらわしたり，順番をあらわしたりする数を「自然数」といいます。たとえばリンゴやミカンは，「5個のリンゴ」「3個のミカン」のように自然数を使って数えられます。ただし，それらの個数のリンゴやミカンは確かに存在しますが，「5」や「3」という「自然数そのもの」が実体として存在するわけではありません。

これらの自然数は，あくまで人間の頭の中にあるものです。リンゴやミカンの一つ一つは，本来は形や大きさなどが少しずつことなる別の物です。しかし，それらの個性を無視して抽象化することで，5個，3個と数えているのです。

また自然数は，「左から5番目のリンゴ」のように，物の順番をあらわすときにも使われます。個数も順番も同じように「5」などの自然数であらわせるのは，自然数があくまで人間の頭の中に存在する抽象的な概念であるからです。

リンゴやミカンの個数を「自然数」であらわす

イラストは，リンゴやミカンの個数をあらわす自然数を示しました。「5個のリンゴと3個のミカンの総数は何個か？」と考えるとき，私たちはリンゴやミカンのちがいを無視して抽象化することで，8個（5＋3＝8）と計算しています。

5個のリンゴ

3個のミカン

リンゴとミカンの
総数は8個

5

世界一美しい数式
を味わおう

//

スイスの数学者オイラーが発表した「$e^{i\pi} +$
1 ＝ 0」という数式は世界一美しいといわ
れます。「ネイピア数 e」「虚数単位 i」「円
周率 π」という，まったく関係のなさそう
な数が一つの形にまとめられ, 1 を足され
た結果, 0 になってしまうのです。5 章では,
この何とも神秘的な数式の面白さをくわし
く紹介していきます。

数学界の"3大選手" πとiとe

さまざまな場面で登場する重要な数

π, i, e, それぞれの"生い立ち"

πは円から生まれた数（**A**），iは方程式の解を求めるために生まれた数（**B**），eは預けたお金の利子の計算から生まれたといわれる数（**C**）です。一見すると，三つの数には，何の関係もないようにみえます。なおイラストは，それぞれの数のイメージを，記号とともに図案化したものです。

A. 円周率π

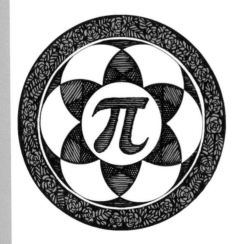

π = 3.141592…

半径rの円

円周 = 直径 × π
　　 = $2\pi r$

円の面積 = π × 半径の2乗
　　　　 = πr^2

半径rの球

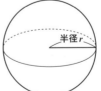

球の表面積 = 4 × π ×
　　　　　　　半径の2乗
　　　　　 = $4\pi r^2$

球の体積 = $\frac{4}{3}$ × π ×
　　　　　　半径の3乗
　　　　 = $\frac{4}{3}\pi r^3$

円周率πは，円周を円の直径で割り算した数です。円周率が一定の値になるらしいことは，紀元前から知られていました。

数学の世界には,数の"3大選手"ともいうべき存在があります。円周率「*π*」,虚数単位「*i*」,ネイピア数「*e*」です。これらは数学のさまざまな場面に登場します。

π は円から生まれた数で,円周を円の直径で割り算した数です。*π* は,3.141592…と,小数点以下が循環せずに無限につづく「無理数」です。

i は方程式の解を求めるために生まれた数で,2乗すると−1になる数です。2乗すると負になる数は普通の数(実数)ではないため,「虚数」とよばれます。*i* は,最も単純な虚数であり,虚数の単位となることから,「虚数単位」とよばれています。

e は,「$(1+\frac{1}{n})^n$」という式に含まれる *n* を,無限に大きくしたときの数(収束値)です。*e* は,2.718281…と,小数点以下が循環せずに無限につづく無理数です。

この *e* は,銀行などにあずけたお金の利子の計算から生まれた数だといわれています。この式は,預金額を計算するための式なのです。

π と i と e は,"生い立ち"がまったくことなるということに注目してください。

B. 虚数単位 *i*

$$i^2 = -1$$

$$i = \sqrt{-1}$$

虚数単位 *i* は,2乗すると−1になる数です。「$i = \sqrt{-1}$」ともあらわせます。16世紀のイタリアで,実数の範囲には答えのない方程式の解を求めるために導入されました。

C. ネイピア数 *e*

$$e = 2.718281\cdots$$

$$(\log_e x)' = \frac{1}{x} , \qquad (e^x)' = e^x$$

注:( )′は,カッコ内の関数を「微分」することを意味します。微分とは,大ざっぱにいうと,グラフの傾きを求めるための計算です。

ネイピア数 *e* は,$(1+\frac{1}{n})^n$ の *n* を無限に大きくしたときの数です。スイスの数学者のヤコブ・ベルヌーイ(1654〜1705)が,1683年に発見したといわれています。「ネイピア」は,「対数」を考案して発表したイギリスの数学者のジョン・ネイピア(1550〜1617)に由来します。対数とは,*a* を何乗したら *x* になるかに相当する数で,「$\log_a x$」とあらわします。

"3大選手"が
シンプルに結びついた
『世界一美しい数式』

数の神秘，ここにきわまれり！

オイラーの等式

$$e^{i\pi} + 1$$

オイラーの公式

$$e^{ix} = \cos x + i \sin x$$

注：オイラーの等式「$e^{i\pi}+1=0$」は，「イーのアイパイじょう・プラス・いち・イコール・ゼロ」と読みます。
　　オイラーの公式「$e^{ix}=\cos x + i \sin x$」は，「イーのアイエックスじょう・イコール・コサインエックス・プラス・アイサインエックス」と読みます。

さて，前のページでみた，"3大選手"を組み合わせると「$e^{i\pi}+1=0$」という数式がなりたちます。これは科学者や数学者の多くが，「世界一美しい数式」と賞賛する数式で「オイラーの等式」といいます。

「ネイピア数 e」「虚数単位 i」「円周率 π」は，それぞれ"生い立ち"がことなる，本来，たがいに縁もゆかりもないと思われる数です。にもかかわらず，e と i と π を，「$e^{i\pi}$」という形にまとめて1を足すと，なんと0になってしまうのです。

まさに「数の神秘」といえるでしょう。

また，オイラーの等式のもととなる「オイラーの公式（$e^{ix}=\cos x + i\sin x$）」は，物理学のさまざまな分野で必須の式であり，自然界のしくみを解き明かすうえでなくてはならないものとなっています。

オイラーの公式を発表したのは，天才数学者として名高いレオンハルト・オイラーです。**オイラーの公式は，「This is our jewel.」（人類の至宝）と表現されるほど重要なものなのです。**

美しい式をみちびいた天才数学者オイラー

左の上段は，世界一美しいと賞賛される，オイラーの等式です。一方，下段の式は，人類の至宝と表現される，オイラーの公式です。オイラーは，1748年に出版した著書『無限解析序説』の中で，オイラーの公式を発表しました。オイラーの等式は，オイラーの公式からみちびきだすことができます。

オイラーは天才数学者であるとともに，歴史上で最も多くの論文を書いた数学者だといわれています。論文の数は，わかっているだけで，866にものぼります。

世界一美しい数式は，『三角関数』から生まれた

三角関数と指数関数のかくれた関係

「世界一美しい」と称されるオイラーの等式。オイラーは，「無限級数」とよばれる無限につづく足し算について熱心に研究し，この等式をみちびきだしました。オイラーは，指数関数とよばれる e^x や，三角関数である $\sin x$ と $\cos x$ を無限級数であらわし，さらに虚数を利用することで，$e^{ix} = \cos x + i \sin x$ という式がなりたつことを発見しました。**虚数 i を仲立ちにして，三角関数と指数関数が簡潔に結ばれるのです。**この数式は「オイラーの公式」とよばれます。オイラーの公式の x に π を代入すると，$e^{i\pi} = -1$ となりま

す。さらにその両辺に1を加えると $e^{i\pi} + 1 = 0$ が得られるのです。

$\sin$ や $\cos$ などの三角関数は，自然界の波や振動をあつかう際に欠かせない関数です。光や音，電波，地震波など，自然界は波や振動であふれています。そして，三角関数を含む計算は，オイラーの公式を利用することで計算が楽になる場合が多いことが知られています。オイラーの公式は，光学をはじめとした物理学のさまざまな分野でたいへん重宝されており，自然のしくみの解明に大きな貢献をしているのです。

オイラーの公式

$$e^{ix} = \cos x + i \sin x$$

オイラーの公式を，鑑賞してみよう

オイラーの公式 $e^{ix} = \cos x + i \sin x$ を図で示しました。x が大きくなるにつれて，e^{ix} の値は複素平面上を回転します。そして，その実部の変化は $\cos x$ に（**A**），虚部の変化は $\sin x$ に（**B**）一致します。

（A）

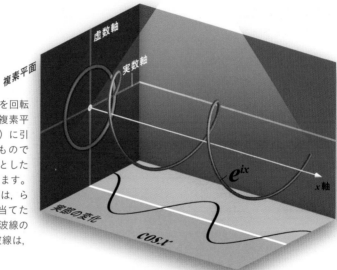

右の図は，複素平面上を回転する e^{ix} のグラフを，複素平面に垂直な方向（x軸）に引きのばしてえがいたものです。e^{ix} は，x軸を中心としたらせん（赤）をえがきます。このとき，実部の変化は，らせんに真上から光を当てたときに，底面にできる波線の影となります。この波線は，$\cos x$ に一致します。

（B）

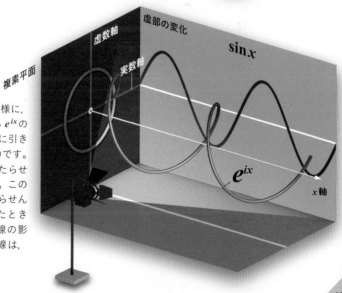

右の図は，図（A）と同様に，複素平面上を回転する e^{ix} のグラフを，x軸の方向に引きのばしてえがいたものです。e^{ix} は，x軸を中心としたらせん（赤）をえがきます。このとき，虚部の変化は，らせんに真横から光を当てたときに，側面にできる波線の影となります。この波線は，$\sin x$ に一致します。

121

コーヒーブレーク

数学界の巨人
レオンハルト・オイラー

レオンハルト・オイラーは，スイスで生まれました。数学で抜きんでた才能を発揮するオイラーは1727年にロシアへ渡り，サンクトペテルブルク科学アカデミーで数学部の重要なポストにつくことができました。**精力的に研究をつづけるオイラーは，その結果を論文として発表しましたが，その数は膨大なものだったようです。**

1735年ころには，両目を失明するという不運に見舞われましたが，それでもなお研究をつづけました。その功績としてまずあげられるのは，教科書の執筆です。数学に関する実に多くの教科書を残しました。

オイラーは「位相幾何学（トポロジー）」とよばれる学問の創始者となりました。また，ニュートンの運動方程式を拡張して，流体および剛体に対する運動方程式をみちびきだしました。

レオンハルト・オイラー
（1707 〜 1783）

スイス生まれの数学者。ロシアのサンクトペテルブルクやドイツのベルリンなどで数学の研究を行い，歴史上，最も多く論文を残した数学者の一人として知られています。虚数だけでなく，三角関数や対数，微積分など，数学のさまざまな分野について深く研究し，その業績は，今日の数学の基礎となっています。

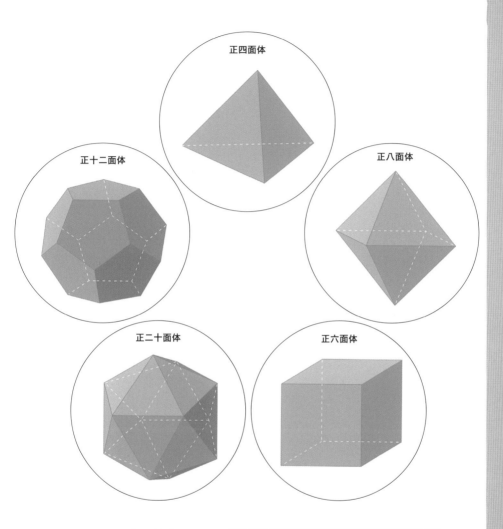

正四面体

正十二面体

正八面体

正二十面体

正六面体

オイラーの多面体定理

「多面体では,(辺の数)＋2＝(頂点の数)＋(面の数)がなりたつ」ことをオイラーは証明しました（ここでいう多面体は正多面体とはかぎらず, 凸面体であればよい）。

	辺の数	＋	2		頂点の数	＋	面の数
正四面体	6	＋	2	＝	4	＋	4
正六面体	12	＋	2	＝	8	＋	6
正八面体	12	＋	2	＝	6	＋	8
正十二面体	30	＋	2	＝	20	＋	12
正二十面体	30	＋	2	＝	12	＋	20
サッカーボール	90	＋	2	＝	60	＋	32

6

フェルマーの
最終定理とは

17世紀の数学者ピエール・ド・フェルマー
が書き残した定理が，世紀の難問「フェル
マーの最終定理」です。中学生にも理解で
きるほど単純な定理であるにもかかわらず，
多くの数学者たちが奮闘し，証明されるま
で360年もの歳月を要しました。

$$X^n + Y^n = Z^n$$
$$(n \geqq 3)$$

はじまりは『ピタゴラスの定理』

世紀の難問「フェルマーの最終定理」は「ピタゴラスの定理」が出発点

数学者たちを360年にわたって悩ませつづけた「フェルマーの最終定理」。この世紀の難問は，実は中学校の数学で学ぶ「ピタゴラスの定理」の発展形として生まれたものでした。

　直角三角形の3辺の長さをX, Y, Z（Zは斜辺）とします。Xを1辺とする正方形の面積（X^2）と，Yを1辺とする正方形の面積（Y^2）を足すと，不思議なことに，斜辺Zを1辺とする正方形の面積（Z^2）に必ず一致します。すなわち，「$X^2 + Y^2 = Z^2$」がなりたちます。これがピタゴラスの定理であり，三平方の定理ともいいます。なお，その逆に，「$X^2 + Y^2 = Z^2$」を満たすX, Y, Zを3辺とする三角形は，必ず直角三角形になります。

　言い伝えによれば，古代ギリシャの数学者ピタゴラスが，神殿の床にしきつめられたタイルを見て，この定理を思いついたといいます（右のイラストが想像図）。ただし，ピタゴラス本人が発見したのかは定かでなく，だれがいつどのように発見したのか謎につつまれています。

ピタゴラスの定理は，タイルを見て発見？

オレンジと青で示した2個の正方形の面積を足すと，濃いピンクで示した正方形の面積と一致します。「ピタゴラスの定理」は，神殿の床にしきつめられたタイルを見てピタゴラスが発見したという言い伝えがあります。ただし，実際の神殿は現存しておらず，ほんとうのタイルの模様はわかりません。

ピタゴラス
（前582年ごろ～前496年ごろ）

フェルマーの最終定理とは

ピタゴラスの定理を証明してみよう

多くの数学者がさまざまな方法でその謎を解き明かしてきた

ピタゴラスの定理の証明方法は，**実に数百通りが知られています。ここでは，その一つを紹介しましょう。**

X，Y，Z（Zは斜辺）を3辺とする直角三角形を4個つくり，斜辺を内側にして並べます（右図①）。すると，1辺が「$X+Y$」の正方形の内側のすき間に，もう一つの正方形ができます。この正方形の1辺はZなので，面積はZ^2です。

次に，図②のように三角形を並べかえると，同じく1辺が「$X+Y$」の正方形ができますが，先ほどのすき間が二つの正方形へと変換されます。二つの正方形の面積はX^2とY^2であり，これらを合わせたものがZ^2と等しいことになります。

つまり「$X^2+Y^2=Z^2$」となるので，ピタゴラスの定理が証明されたことになるのです。

ピタゴラスの定理を証明しよう

3辺が X，Y，Z（Zは斜辺）の直角三角形を①のように4個並べると，内側に四角形のすき間ができます。四角形の辺はすべて Z なので，すき間は1辺が Z の正方形であり，その面積は Z^2 です。4個の直角三角形を②のように並べかえると，先ほどのすき間は二つの正方形に変換されます。それらの面積は図より X^2 と Y^2 です。よって，ピタゴラスの定理「$X^2 + Y^2 = Z^2$」が証明されました。これとほぼ同じ証明が，古代ギリシャの数学者エウクレイデス（英語読みでユークリッド，紀元前3世紀ごろ）が書いた『原論』にしるされています。

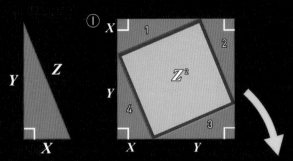

不思議な「ピタゴラス・タイリング」

幾何学の専門書『幾何教程（上）』（A. オスターマン／G. ヴァンナー著）は，ピタゴラスが見たかもしれない床の想像図として，下のように2種類の大きさの正方形がしきつめられたパターンを紹介しています。大きいほうの正方形の中心を結んだ点線がつくる正方形（濃いピンク）の面積は，右下の図を見ると，元の2種類の正方形（青とオレンジ）の面積を足したものであることがわかります。この模様は「ピタゴラス・タイリング」とよばれています。

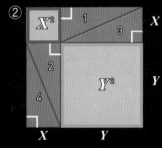

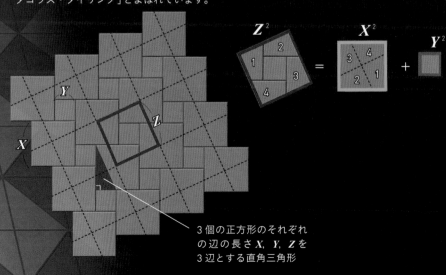

3個の正方形のそれぞれの辺の長さ X，Y，Z を3辺とする直角三角形

三つの自然数の組『ピタゴラス数』

無限にあるピタゴラス数の探究から
フェルマーの定理は生まれた

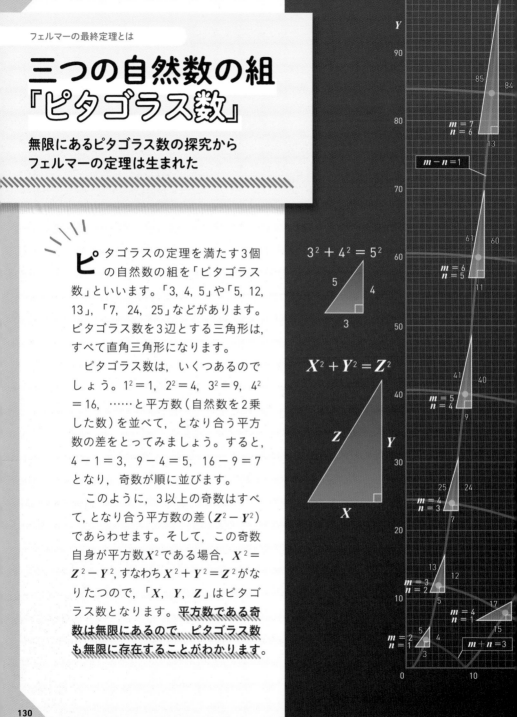

$3^2 + 4^2 = 5^2$

$X^2 + Y^2 = Z^2$

$m - n = 1$

$m + n = 3$

ピタゴラスの定理を満たす3個の自然数の組を「ピタゴラス数」といいます。「3，4，5」や「5，12，13」，「7，24，25」などがあります。ピタゴラス数を3辺とする三角形は，すべて直角三角形になります。

ピタゴラス数は，いくつあるのでしょう。$1^2 = 1$，$2^2 = 4$，$3^2 = 9$，$4^2 = 16$，……と平方数（自然数を2乗した数）を並べて，となり合う平方数の差をとってみましょう。すると，$4 - 1 = 3$，$9 - 4 = 5$，$16 - 9 = 7$となり，奇数が順に並びます。

このように，3以上の奇数はすべて，となり合う平方数の差（$Z^2 - Y^2$）であらわせます。そして，この奇数自身が平方数X^2である場合，$X^2 = Z^2 - Y^2$，すなわち$X^2 + Y^2 = Z^2$がなりたつので，「X，Y，Z」はピタゴラス数となります。**平方数である奇数は無限にあるので，ピタゴラス数も無限に存在することがわかります。**

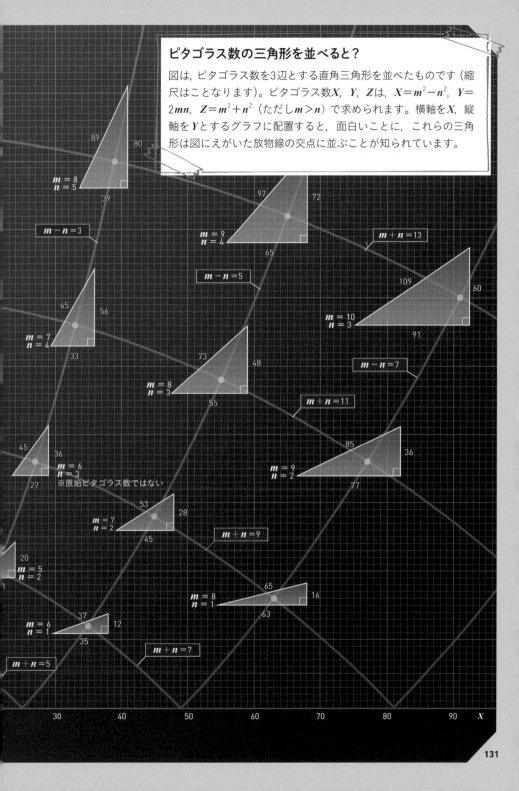

ピタゴラス数の三角形を並べると？

図は, ピタゴラス数を3辺とする直角三角形を並べたものです（縮尺はことなります）。ピタゴラス数 X, Y, Z は, $X = m^2 - n^2$, $Y = 2mn$, $Z = m^2 + n^2$（ただし $m > n$）で求められます。横軸を X, 縦軸を Y とするグラフに配置すると, 面白いことに, これらの三角形は図にえがいた放物線の交点に並ぶことが知られています。

$m = 8$
$n = 5$
89　80　39

$m - n = 3$

$m = 9$
$n = 4$
97　72　65

$m + n = 13$

$m - n = 5$

$m = 10$
$n = 3$
109　60　91

$m = 7$
$n = 4$
65　56　33

$m = 8$
$n = 3$
73　48　55

$m - n = 7$

$m + n = 11$

$m = 6$
$n = 3$
45　36　27
※原始ピタゴラス数ではない

$m = 9$
$n = 2$
85　36　77

$m = 7$
$n = 2$
53　28　45

$m + n = 9$

$m = 5$
$n = 2$
20

$m = 8$
$n = 1$
65　16　63

$m = 6$
$n = 1$
37　12　35

$m + n = 7$

$m + n = 5$

30　40　50　60　70　80　90　X

素朴な疑問から生まれた『フェルマーの最終定理』

ピタゴラスの定理に示される2乗を3乗や4乗にしてみたらどうなる?

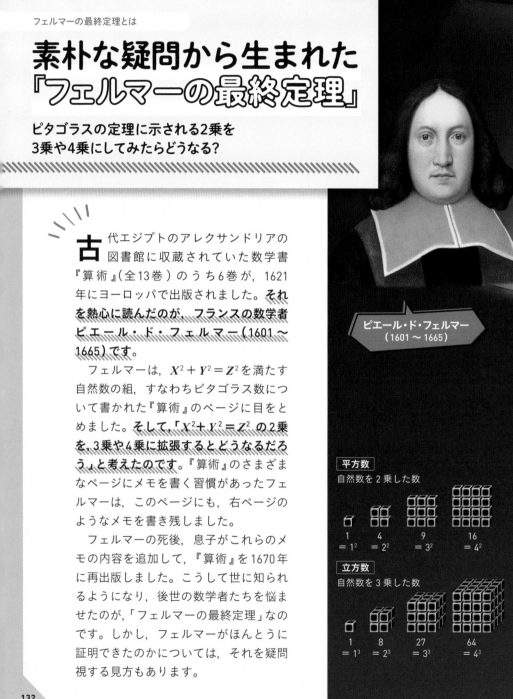

ピエール・ド・フェルマー
（1601 ～ 1665）

古代エジプトのアレクサンドリアの図書館に収蔵されていた数学書『算術』（全13巻）のうち6巻が，1621年にヨーロッパで出版されました。**それを熱心に読んだのが，フランスの数学者ピエール・ド・フェルマー（1601～1665）です。**

フェルマーは，$X^2 + Y^2 = Z^2$ を満たす自然数の組，すなわちピタゴラス数について書かれた『算術』のページに目をとめました。**そして，「$X^2 + Y^2 = Z^2$ の2乗を，3乗や4乗に拡張するとどうなるだろう」と考えたのです。**『算術』のさまざまなページにメモを書く習慣があったフェルマーは，このページにも，右ページのようなメモを書き残しました。

フェルマーの死後，息子がこれらのメモの内容を追加して，『算術』を1670年に再出版しました。こうして世に知られるようになり，後世の数学者たちを悩ませたのが，「フェルマーの最終定理」なのです。しかし，フェルマーがほんとうに証明できたのかについては，それを疑問視する見方もあります。

平方数
自然数を 2 乗した数

1
$= 1^2$

4
$= 2^2$

9
$= 3^2$

16
$= 4^2$

立方数
自然数を 3 乗した数

1
$= 1^3$

8
$= 2^3$

27
$= 3^3$

64
$= 4^3$

このイラストは、『算術』の余白に残されたフェルマーの手書きのメモを想像してえがいたものです。

余白にしるされたメモ書き

立方数を，二つの立方数の和に分けることはできない。4乗数を，二つの4乗数の和に分けることはできない。一般に，2より大きい指数をもつ累乗数を，二つの累乗数の和に分けることはできない。この定理について，私はおどろくべき証明をみつけたが，それを書くには余白がせますぎる。

フェルマーの最終定理とは？

『算術』のページの余白に，フェルマーはこのようなメモを書き残しました。左下の図は，メモに出てくる平方数と立方数を示しています。このメモを，現代数学の記号を使えば，「$X^n + Y^n = Z^n$（nは3以上の整数）を満たす自然数の組X，Y，Zは存在しない」とあらわせます。この定理が「フェルマーの最終定理」です。これが最終定理とよばれるのは，フェルマーが『算術』に書き残した複数の定理のうち，これだけが最後まで証明されなかったためです。フェルマーがこのメモを残したのは1637年ごろと考えられています。

$$X^n + Y^n = Z^n$$
$$(n \geq 3)$$

フェルマーの最終定理

3以上の整数nについて，$X^n + Y^n = Z^n$を満たす自然数の組X，Y，Zは存在しない。

数学者たちの格闘

数々の数学者が最終定理の証明にいどんだ

$X^4 + Y^4 = Z^4$ を満たす自然数 X, Y, Z が存在しないことを証明

ピエール・ド・フェルマー（1601 ～ 1665）

フェルマーは、趣味として数学に打ちこんだアマチュア数学者でした。フェルマーの最終定理を 1637 年ごろに書き残しました。

フェルマーは、$n = 4$ の場合のフェルマーの最終定理を証明しました。

フェルマーは、$X^4 + Y^4 = Z^4$ を満たす自然数の組 X, Y, Z が存在すると仮定すると、あるピタゴラス数よりもさらに小さなピタゴラス数を無限につくれることを示しました。しかし、3、4、5 よりも小さなピタゴラス数は存在しないため、これは矛盾です。

こうして、最初の仮定が誤りであること、すなわち $n = 4$ の場合にフェルマーの最終定理がなりたつことを証明したのです。このフェルマーの証明方法は「無限降下法」とよばれます。

$X^3 + Y^3 = Z^3$
を満たす自然数 X, Y, Z が存在しないことを証明

レオンハルト・オイラー（1707 ～ 1783）

スイス生まれの数学者。1760 年に $n = 3$ の場合のフェルマーの最終定理を証明しました。

$X^5 + Y^5 = Z^5$
を満たす自然数 X, Y, Z が存在しないことを証明

ペーター・ディリクレ（1805 ～ 1859）

ドイツの数学者。1825 年に $n = 5$ の場合のフェルマーの最終定理を証明しました。当初、不完全な部分がありましたが、独力で修正しました。

フェルマーが残した謎に，最初の突破口を開けたのが，数学史上最大の巨人ともいわれる18世紀の数学者レオンハルト・オイラーでした。

　オイラーは，$n=3$のフェルマーの最終定理，つまり「$X^3+Y^3=Z^3$を満たす自然数の組は存在しない」ことを証明してみせました。オイラーがこの証明のために駆使したのは，フェルマーの時代には役に立たないと考えられていた，2乗するとマイナスになる数，「虚数（i）」でした。

　19世紀に入ると，フランス科学アカデミーはフェルマーの最終定理に3000フランの懸賞金をかけました。やがて，$n=5$の場合と$n=7$の場合の証明に成功する数学者があらわれました。しかし，証明すべきnは無限に残されていました。

　自然数の6乗は「（自然数の2乗）の3乗」とあらわせるため，$n=3$の形に直せるので証明済みです。**このことは，フェルマーの最終定理は「nが素数の場合」を証明すれば十分であることを意味します。**素数とは，1とその数自身でしか割りきれない自然数のことです。

　ドイツの数学者エルンスト・クンマー（1810〜1893）は，nがある特殊な素数（非正則素数）である場合をのぞけば，nがどんなに大きな素数でもフェルマーの最終定理がなりたつことを1850年に証明しました。特殊な素数は，素数のうちの"少数派"であり，たとえば100以下では37，59，67の三つだけです。

　クンマーの証明は完全な解決とはいえませんが，わずかな数のnについてしか個別に証明できていなかったこととくらべれば，はるかに大きな進展です。フランス科学アカデミーはその重要性を認め，クンマーに懸賞金3000フランを贈りました。

$X^7+Y^7=Z^7$
を満たす自然数X, Y, Zが存在しないことを証明

ガブリエル・ラメ（1795〜1870）

フランスの数学者。1839年に$n=7$の場合のフェルマーの最終定理を証明しました。

---

nが「正則素数」である場合の
フェルマーの最終定理を証明

エルンスト・クンマー
（1810〜1893）

エルンスト・クンマーはドイツの数学者。素数には「正則素数」と「非正則素数」の2種類があることを明らかにし，nが正則素数である場合にフェルマーの最終定理がなりたつことを1850年に証明しました。

フェルマーの最終定理に魅せられた少年

日本人が一役買っていたフェルマーの最終定理の証明

クンマーの成果は，フェルマーの最終定理の完全な解決への道筋をつけたかにみえました。ところが，その後は進展がないまま，時代は20世紀をむかえました。1908年にはドイツの資産家がフェルマーの最終定理の解決に10万マルクの懸賞金をかけ，期限を100年後の2007年に設定しました。その後，世界中のアマチュア数学者から「解決した」とする無数の応募がありましたが，それらはことごとく誤りでした。

1963年，イギリス・ケンブリッジの図書館で，『The Last Problem（最後の問題）』を読んでいた10歳の少年は，そこに書かれたある数学の未解決問題と出会いました。ピタゴラスの定理を3乗以上に拡張しただけの「フェルマーの最終定理」は，10歳の少年にも理解することができました。**これほど単純であるにもかかわらず，300年**以上も解かれずに残されているという事実に，少年は強く魅了されました。「自分がこれを最初に解きたい」。そう夢見た少年こそ，1995年にフェルマーの最終定理を完全に解決したアンドリュー・ワイルズ（1953〜）です。

大学を卒業したワイルズは，「楕円曲線」（右の図）とよばれる曲線の問題を研究する数学者になりました。1980年代にアメリカに移住し，プリンストン大学の教授になったワイルズは，1984年に開かれた楕円曲線の研究集会で，ある重大なアイデアを知りました。ドイツの数学者ゲルハルト・フライ（1944〜）が，「『谷山−志村予想』※の正しさを証明できれば，フェルマーの最終定理を証明したことになるはずだ」，と研究集会でのべたのです。それは，クンマーが示した道筋とはまったく関係のない，意外なアイデアでした。

※：谷山−志村予想とは，2人の日本人数学者谷山豊（1927〜1958）と志村五郎（1930〜2019）の共同研究による楕円曲線に関する予想で，20世紀になされた数学における快挙の一つとされています。

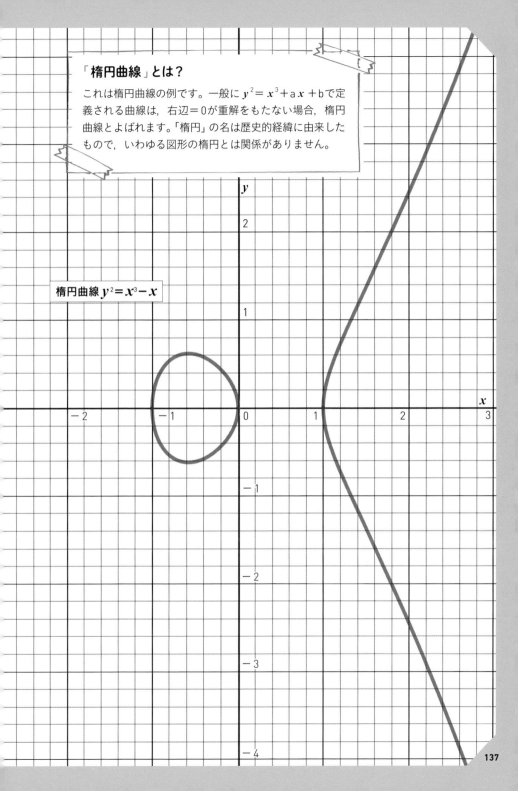

「楕円曲線」とは？

これは楕円曲線の例です。一般に $y^2 = x^3 + ax + b$ で定義される曲線は，右辺＝0が重解をもたない場合，楕円曲線とよばれます。「楕円」の名は歴史的経緯に由来したもので，いわゆる図形の楕円とは関係がありません。

楕円曲線 $y^2 = x^3 - x$

360年の時を経て，ついに証明された

最終定理を解くかぎは「谷山−志村予想」にあり

ワイルズは，フェルマーの最終定理に本気で取り組むことにしました。証明の手順は次のとおりです。

最初に，「フェルマーの最終定理はなりたたない」と仮定します。その結果，矛盾が生じることを示すことで，最初の仮定が誤りであること，すなわち「フェルマーの最終定理がなりたつ」ということを証明するのです。これは高校数学で学ぶ「背理法」とよばれる証明方法です。

さて，フェルマーの最終定理がなりたたないならば，「$A^n + B^n = C^n (n \geq 3)$を満たす自然数の組が存在する」ことになります。フライは，このA^nやB^nを使った「$y^2 = x(x - A^n)(x + B^n)$」という式からなる楕円曲線（フライの楕円曲線）に注目しました。

この論理がなりたつには，「谷山−志村予想が正しい」ということが証明されなければなりません。ワイルズは1986年ごろから，ほかの研究をやめ，谷山−志村予想の証明に一心不乱に取り組みはじめました。

孤独な研究の末，ついにワイルズは，谷山−志村予想の証明にたどりつきました。それは部分的なものでしたが，フライの楕円曲線を論じるには十分なものでした。**そして1993年，故郷のイギリス・ケンブリッジで開かれたセミナーで，フェルマーの最終定理の完全な証明を宣言しました**（右の写真）。当初の証明には誤りが含まれていましたが，のちにそれも取りのぞかれ，1995年に証明の正しさが確認されました。**17世紀にフェルマーが書き残した最終定理が，およそ360年の時を経て，ついに解決された瞬間でした。**

「証明完了」を宣言した直後のワイルズ

1993年6月23日に，イギリス・ケンブリッジで開かれたセミナーの講演で，谷山－志村予想を証明し，それによってフェルマーの最終定理を証明したことを宣言しました。この写真は，宣言直後のワイルズを撮影したものです。

　のちに，ワイルズの論理には誤りがあったことが判明しましたが，1995年までには修正され，正しい証明にたどりついたことが認められました。ワイルズにはドイツの資産家がかけた懸賞金「ヴォルフスケール賞」が1997年に贈られました。

おわりに

これで『数と数式の神秘』はおわりです。いかがでしたか。

数というものは，ともすれば単なる計算の道具とみられがちです。しかし，ここまでみてきたように，その背景には神秘的で心ひかれる世界が広がっています。

素数がもつ，予測不能であるがゆえの魅力。無理数の，どこまで計算しても近似値でしかないけれど，それでもその数は確かに実在するというロマン。虚数がもたらす，不自由な数直線の世界から広大なフィールド（複素平面）への開放感。オイラーの等式がみせる，e と i と π が奇跡のように結びついた美しさ。フェルマーの定理という，360 年も解かれずにいた，シンプルな数式に秘められた謎。

古くから多くの数学者たちによって探求されてきた，さまざまな数や数式の魅力を，あなたはどのように感じたでしょうか。🍎

絵と図でよくわかる
相対性理論
時間と空間の謎を解き明かす

A5判・144ページ　1480円（税込）　好評発売中

「相対性理論」は，その名を知らない人はいないほど，とても有名な理論です。しかし，むずかしそうだと感じる人も多いのではないでしょうか。

相対性理論は，時間と空間の不思議な性質や，重力の正体を解き明かす理論です。現代の物理学や宇宙の研究に欠かせないだけではなく，地図アプリに利用される「GPS」など，私たちの身近なところにも活用されています。

この本では，わかりやすい絵や図をふんだんに用いて，相対性理論をゼロからやさしく紹介します。天才物理学者アインシュタインが柔軟な発想力で生みだした，おどろきの理論を存分にお楽しみください。

時間と空間は
のびちぢみする

重力の正体は
時空のゆがみ

ついに発見!
時空のさざなみ
「重力波」

—— **目次**（抜粋）——

Staff

Editorial Management	中村真哉
Cover Design	岩本陽一
Design Format	宮川愛理
Editorial Staff	小松研吾，谷合 稔

Photograph

11	MichaelJBerlin/stock.adobe.com, David J. Ringer/stock.adobe.com	122	Wellcome Collection
41	Liaurinko/stock.adobe.com	134	Public domain
57	SB/stock.adobe.com	135	Public domain
77〜81	Public domain	139	SPL/PPS 通信社

Illustration

表紙カバー	Newton Press，小﨑哲太郎，Newton Press（作画資料：Diophantus "Arithmetica" 1621 edition)	69〜75	Newton Press
		82〜89	Newton Press
表紙	Newton Press，小﨑哲太郎，Newton Press（作画資料：Diophantus "Arithmetica" 1621 edition)	91〜97	Newton Press
		98	小﨑哲太郎
6	岡田香澄	99〜113	Newton Press
8〜11	Newton Press	115〜123	Newton Press
13, 15	吉原成行	125	吉原成行，佐藤蘭名・Newton Press，小﨑哲太郎，Newton Press（作画資料：Diophantus "Arithmetica" 1621 edition)
17〜21	Newton Press		
22	小﨑哲太郎		
24〜25	Newton Press，小﨑哲太郎	126〜129	吉原成行
27〜33	Newton Press	130-131	佐藤蘭名・Newton Press
34-35	木下真一郎	132-133	小﨑哲太郎，Newton Press（作画資料：Diophantus "Arithmetica" 1621 edition)
39	Newton Press		
40〜55	Newton Press	134	小﨑哲太郎
59〜61	Newton Press	137	Newton Press
63	岡田香澄	141	Newton Press
64〜67	Newton Press		

本書は主に，ニュートンライト2.0『数学の世界 数の神秘編』，ニュートン別冊『数学の世界数と数式編 改訂第2版』の一部記事を抜粋し，大幅に加筆・再編集したものです。

初出記事へのご協力者（敬称略）：
吉村 仁（静岡大学創造科学技術大学院教授）
小山信也（東洋大学理工学部教授）
黒川信重（東京工業大学名誉教授）
木村俊一（広島大学大学院先進理工系科学研究科教授）
和田純夫（元・東京大学総合文化研究科専任講師）

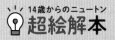

14歳からのニュートン
超絵解本
数の基本から世紀の難問まで

絵と図でよくわかる 数と数式の神秘

2023年3月15日発行

発行人	高森康雄
編集人	中村真哉
発行所	株式会社 ニュートンプレス 〒112-0012東京都文京区大塚3-11-6 https://www.newtonpress.co.jp

© Newton Press 2023　Printed in Taiwan
ISBN978-4-315-52670-7